中式面点技艺

王凤仙 陈福娣 主编

经济管理出版社
ECONOMY & MANAGEMENT PUBLISHING HOUSE

图书在版编目（CIP）数据

中式面点技艺/王凤仙，陈福娣主编 . —北京：经济管理出版社，2018.10
ISBN 978 - 7 - 5096 - 6065 - 2

Ⅰ.①中… Ⅱ.①王…②陈… Ⅲ.①面食—制作—中国—中等专业学校—教材 Ⅳ.①TS972.116

中国版本图书馆 CIP 数据核字（2018）第 229848 号

组稿编辑：魏晨红
责任编辑：魏晨红
责任印制：黄章平
责任校对：张晓燕

出版发行：经济管理出版社
　　　　　（北京市海淀区北蜂窝 8 号中雅大厦 A 座 11 层　　100038）
网　　　址：www.E - mp.com.cn
电　　　话：(010) 51915602
印　　　刷：北京市海淀区唐家岭福利印刷厂
经　　　销：新华书店
开　　　本：787mm×1092mm/16
印　　　张：10.25
字　　　数：219 千字
版　　　次：2018 年 10 月第 1 版　　　2018 年 10 月第 1 次印刷
书　　　号：ISBN 978 - 7 - 5096 - 6065 - 2
定　　　价：38.00 元

编委会

主　编　王凤仙　陈福娣

副主编　张　岚　程远炳　贾新峰

参　编　梁文周　刘宇红　侯玉昆　耿志国　赵华东
　　　　王相斌　张静飞　陈　伟　郭　峰　陈艳萍

主　审　武学平　丰贵生

前　言

《中式面点技艺》是中等职业学校烹饪专业的核心课程，是实用性、实践性最强的课程之一。本书旨在传授中式面点技艺理论知识的基础上，让学生理解和掌握中式面点的制作技术。系统学习理论，运用到实践中，学会举一反三，增强学生的学习能力和适应社会的能力。

本书的内容包括：项目一——认识面点；项目二——走进面点间；项目三——面点制作原料知识；项目四——面点制作基础操作技术；项目五——制馅技艺；项目六——面团调制技艺；项目七——成熟技艺；项目八——宴席中面点的组合与运用。在内容设置上，系统而详尽；编排是以中式面点技法为轴线而展开的，其中面点制作原料知识、面点制作基础操作技术和制馅技艺这三项内容都是作为基本功为面点后期制作而配置服务的，宴席面点部分是让学生有一个基础的中餐餐饮文化认知，并对面点的优化组合在使用方法上有所熟悉。

本书具有如下特点：

（1）着重于理论与实践相结合，强调实践教学的重要性。着重于实践教学，有利于学生理解和掌握中式面点技艺的基本方法，同时也有利于学生掌握技能操作：本书项目四、项目五、项目六中，每一项任务都选取了最具代表性的中式面点作为任务实施内容，以促进学生对基础面点技艺的掌握和对中国传统饮食文化的认知。

（2）内容简洁，图文并茂，力争易学易懂。学生在学习时显得思路清晰，在掌握关键技术要领时会显得很轻松。

（3）采取"项目任务"的编写体系，遵循以"项目"划分教学内容，以"工作任务"为中心，以"典型产品为载体"的项目课程教学理念，打破思维定式，使学生在逐个完成项目的过程中掌握知识并能灵活运用。

（4）采用理论与实践相结合的编写形式，有利于教师开展理论与实践一体化教学，力求吸纳当前行业中的新技术、新工艺、新设备，体现教材的先进性和创新性。

本书由安阳市中等职业技术学校王凤仙、陈福娣担任主编，安阳市中等职业技术学校张岚、程远炳，安阳县职业中等专业学校贾新峰担任副主编，安阳市中等职业技术学校梁文周、刘宁红、侯玉昆、耿志国、赵华东、王相斌、张静飞、陈伟、郭峰、陈艳萍参与编写。

在本书编写过程中，尽管我们做出诸多努力，但由于水平有限，缺点和疏漏在所难免，恳请同行和读者指正，并提出建设性的宝贵建议，在此表示诚挚的感谢。

编者

2018 年 8 月 8 日

目 录

项目一　认识面点

任务一　了解面点

 任务目标

知识目标

➢ 理解面点概念
➢ 了解面点在饮食业中的地位和作用
➢ 熟悉中式面点技艺的主要学习内容

 任务学习

一、面点的概念

面点是"面食"和"点心"的统称，指以面粉、米粉、杂粮粉以及富含淀粉的果蔬原料粉等为主料，配以相应的调、辅料，经加工制成的各种主食、小吃和点心。面点在北方常称为"面食""主食"，南方常称为"点心"，南北各地在制作技法、原料选用上各有千秋，制品各有特色。

二、面点的地位和作用

（一）面点制品是餐饮业产品的重要组成部分

中式烹饪在生产经营上主要包括两方面的内容：一是菜肴烹调，行业俗称为"红案"；二是面点制作，行业俗称为"白案"。"红案"与"白案"既有区别又密切联系，两者互相配合，形成了一个整体。面点制品除了常与菜肴密切配合外，还具有相对的独立性，可以独立经营。如专门经营面点的包子馆、饺子馆、烧饼店、烧麦馆及南方的早茶点心、饼屋等。

（二）面点是人们不可缺少的重要食品

面点制品不仅具有较高的营养价值，而且应时适口、口味多样、荤素搭配、营养丰富、食用方便。面点制品既可以做早点、茶点、夜宵，也可以作为日常主食、旅途充饥等，满足了不同层次、不同目的消费者的需求。

（三）面点可以活跃餐饮市场，为社会提供更多的就业岗位

面点不仅可以作为早点或与菜肴搭配为宴席增色，而且还可以作为礼品馈赠亲朋好友。如"京八件"、大麻花、黄桥烧饼、老婆饼、合川桃片等。

因面点制作可独立经营，并且店铺面积、投资不太受限，经营方式灵活多样，故大街小巷随处可见专门经营面点的面食馆、包子铺、烧饼店、早点铺（摊）、夜宵、点心铺等。功能各异又能彰显风味特色的面点店铺的出现，既活跃了餐饮市场，又大大丰富了人们的饮食生活，同时还提供了大量的就业机会，促进了社会经济的稳定发展。

三、中式面点技艺的性质与主要学习内容

中式面点技艺是中餐烹饪专业重要的专业技能课。

（1）原材料在面点制作中所体现的性质和作用、原材料的选择和运用。

（2）面团的调制原理和调制方法，以及相应的面点品种。

（3）馅心的类型和调制方法。

（4）面点成形手法和基本原理。

（5）面点成熟方法和注意事项。

（6）面点装饰、组合和运用。

在学习中式面点技艺过程中，要认真学习理论知识，解决实际操作中的问题，更好地指导实践操作，学会举一反三。在继承和发扬传统面点的同时，应注意不断更新观念，选用新的原料、设备、工艺，只有这样才能更好地掌握并传承中式面点技艺。

 想一想

大家在日常生活中常吃、常见的面点品种有哪些？尝试叙述2～3种面点制品的制作过程。

任务二　我国面点的发展

任务目标

技能目标

➤ 能够区分面点的发展阶段，并能说出各阶段的发展状况、代表品种、发展特点

知识目标

➢ 了解中国面点的形成与发展

➢ 了解面点的发展趋势

 任务学习

一、面点的形成和发展

中国面点制作具有悠久的历史，邱同在《中国面点史》一书中指出："中国面点的萌芽时期在 6000 年前左右"，"中国的小麦粉及面食技术出现在战国时期"，"而中国早期面点形成的时间，大约是商周时期"。中式面点的形成和发展过程大概经历了产生、发展、繁荣、成熟几个阶段，如表 1－1 所示。

表 1－1　中国面点的形成和发展过程

发展阶段	历史时期	发展状况	代表品种	发展特点
面点产生阶段	夏商周时期	尝草别谷，教民耕艺，出现五谷，面点雏形产生	粔籹（麻花）、饊鳇（馓子）	我国古代的陶制炊具相继问世，青铜器亦被广泛应用（如铜饼铛、铜炙炉等）
面点发展阶段	汉代至南北朝时期	面点制作水平有了飞跃式的发展，面点制作技术迅速提高。面点品种迅速增加，年节食俗已开始形成，面点著作大量涌现	白饼、烧饼、馄饨、春饼、煎饼	随着石磨和绢罗的大量使用以及发酵技术的进一步成熟，出现了蒸笼等炊事用具和面点成形器具
面点繁荣阶段	隋唐五代及宋元时期	面点制作技术进一步发展，以食疗面点较为突出。面条传至意大利，蒸饼等也传入日本	包子、馒头、肉饼、油饼、月饼、元宵、烧麦、麻团等	面团制作、馅心制作、成形方法、成熟方法等面点制作技巧
面点成熟阶段	明清时期	制作技术达到新的高峰，节日面点品种基本定型。中式面点与我国民族风俗更加紧密结合；中外面点交流、发展达到新的高峰时期，西式面点传入我国，中式面点亦传至欧美、南洋各国		

二、面点的发展趋势

中式面点作为餐饮业的重要组成部分，需要不断改革和创新。世界因为互联网改变了生活方式，饮食方式也在发生转变，以手工方式生产的中国传统面点面临重大挑战，为了适应在全球市场经济条件下的竞争环境，中式面点的发展方向主要体现在以下四个方面：

（1）继承发扬，推陈出新。我国是历史悠久的文明古国，有着深厚的饮食文化积淀。我国精湛的面点技艺享誉世界，应认真、全面、系统地整理和发掘传统面点技艺，使中国面点得以弘扬和发展。

（2）加强科技创新应用，提高科技含量。包括开发原料新品种和运用新技术、新设备两个方面。开发原料新品种，满足工艺要求和提高产品质量，从口味、口感等方面有所提升和改变。新技术包括新配方、新工艺，不仅能增加面点品种，而且能提高工作效率。新设备的使用，不但可以改善工作环境，从传统的手工制作中解放出来，而且利于批量生产，使制品质量更规范、统一。

（3）注重营养素的搭配，开发功能、药膳面点。

（4）发展中式面点快餐，突出方便、快捷、卫生。

 想一想

叙述面点繁荣时期的代表品种及其特点？

任务三　各区域风味面点

 任务目标

技能目标

➤ 能够区分各流派面点所在区域，并说出它们的特点及代表品种

知识目标

➤ 了解各区域风味面点的特点及代表性品种

 任务学习

我国地域辽阔，各地的气候条件均有所不同，故全国各地所产的粮食作物有很大区别，人们的生活习惯、饮食文化也有很大差别，反映到面点制作上，就出现了不同的花色品种和制作习惯，形成了不同的面点流派。

根据地理区域和饮食文化的形成，大致可分为"南味""北味"两大风味，具体又可分为"京式面点""苏式面点""广式面点""川式面点"，按照水系流域可分为黄河流域、长江流域、珠江流域、松花江流域及其他少数民族地区，如表1-2所示。

表1-2 面点分类（按区域划分）

按水系流域划分	所在区域	包含省市	所属风味流派	特点	典型品种
黄河流域面点	指黄河中下游的大部分地区	甘肃、山西、陕西、河南、河北、北京、天津、山东等	京式风味流派	用料广泛，坯皮以面粉、杂粮为主，制作精细，馅心口味浓重，肉馅多用水打馅	刀削面、抻面、河南烩面、银丝卷、窝窝头、天津狗不理包子、开封灌汤包等
长江流域面点	指长江中上游及长江中下游等地区	四川、云南、贵州、湖北、湖南、江苏、江西、安徽、浙江、上海等	苏式、川式风味流派	坯皮以米、面为主，制作精细、讲究造型、应时迭出，四季有别，馅心掺冻、汁多肥嫩、味道鲜美、口味浓醇	赖汤圆、担担面、三丁包子、翡翠烧麦、淮安汤包、千层油糕、船点等
珠江流域面点	指珠江流域及南部沿海地区	广东、福建、广西、中国台湾及香港等	广式风味流派	坯皮质感多变，米面、杂粮均有使用，借鉴西式点心技艺，兼收并蓄；馅心用料广泛，味道清淡鲜滑	老婆饼、叉烧包、马蹄糕、虾饺、萝卜糕、广式蛋挞等
松花江流域面点	指黑龙江、松花江、辽河流域大部分地区	黑龙江、吉林、辽宁	京式风味流派	坯皮杂粮、米、麦兼备，自成一格；馅心用料广，口味浓厚	熏肉大饼、东北特色蒸饺等
其他少数民族地区风味面点	指西南、西北及内蒙古等少数民族地区	西藏、内蒙古、新疆等	地区风味流派	浓郁的民族特色风味；集各家之长，自成一体、极具地方特色	新疆的馕饼，内蒙古的莜面、油塔子，西藏的青稞糌粑等

 想一想

详细说明你所在的地区有哪些面点代表品种，这些面点属于哪个流域、哪个风味流派，有哪些特点？

任务四 面点分类及制作特点

任务目标

技能目标

➢ 能够熟练区分常见面点制品的种类

知识目标

➢ 了解面点的分类方法

➢ 掌握中式面点的基本特点

任务学习

一、面点的分类方法

面点制品的分类方法较多，常用的分类方法有以下五种：

（一）按面点原料分类

1. 麦类面粉制品

调制面坯的主要原料是用小麦磨成的面粉，掺入水、油、蛋和添加料，调制成为多种特性的面坯，经成形、成熟等工序制成的，如包子、馒头、拉面、烩面等。

2. 米类及米粉制品

在米或米粉中掺入水及其他辅料进行调制，经成形、成熟等工序制成的制品，如汤圆、八宝饭、年糕等。

3. 豆类及豆粉制品

豆类或豆粉经面团调制、成形、成熟等工序制成的制品，如豌豆黄、绿豆糕、芸豆卷等。

4. 杂粮和其他类制品

杂粮及其他原料制品，经面团调制、成形、成熟等工序制成的制品，如南瓜饼、马蹄糕、玉米窝头等。

（二）按熟制方法分类

可分为蒸、炸、煮、烙、煎、烤、炒以及综合熟制法等制品。

（三）按面团的特点分类

可分为水调面团、膨松面团、油酥面团、米粉面团、杂粮面团及其他面团六类。

（四）按形态分类

可分为包、饺、糕、团、饼、粉、条、饭、粥、羹、冻等制品。

（五）按口味分类

可分为甜味、咸味、复合味面点。

二、面点制作的基本特点

（一）用料广泛，选料精细

中华民族的饮食文化、食源结构奠定了中式面点制作中选料的广泛性。植物性原料（粮食、蔬菜、果品等）、动物性原料（鸡、猪、牛、羊、鱼虾、蛋乳等）、微生物原料（酵母菌、红曲霉菌等）、矿物性原料（盐、碱、矾等）、合成原料（膨松剂、香料、色素等），均可作为中式面点的原料。我国幅员辽阔，因各地区的土壤及农艺条件不同，即便同一品种原料，因产地、季节不同，差异也会很大。中式面点能根据制品要求，根据合理的原料选用，达到扬长避短、物尽其用的效果。例如：抻面应选用筋力强的面粉，制作汤圆应选用质地细腻的水磨糯米粉。

（二）讲究馅心，注重口味

"口味"是中式面点食品的魂，前辈历代厨师不断传承、总结、创新，形成了许多深受我国广大人民群众喜爱，变化多样的品种。例如：生荤馅，滑嫩、鲜香有汁；生菜馅，鲜嫩爽口、色泽鲜明。

（三）技法多样，造型美观

中式面点长期以来是以手工制作为主，经过了漫长的发展历程，特别是经过面点厨师的传承和不断创造，拥有了众多技法和绝活，形成了一系列有别于其他国家的技法，其制作过程、技法十分讲究。如龙须面、船点等，便以其独特的成形技法而享誉海内外。

（四）成熟方法多样

面点加热成熟方法常用的有蒸、煮、炸、煎、烙、烤、炒等。各地在制作中交叉应用，最终形成了各面点的特点和口味。

想一想

深入了解你所在的地方特色面点品种，并按面点分类加以分析。

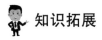 **知识拓展**

面点

面点分类	技法	原料特点	技术特点	口味特点
中式面点	蒸、煮、炸、烙、煎、烤、炒等	以各种粮食、鱼虾、畜禽肉、蛋、乳、蔬菜、果品等为主	成形技法多样，造型美观	口味多样，有甜味、咸味、复合味
西式面点	以烤制品为主，有少量炸制品	以面、糖、油脂、鸡蛋和乳品等为主，辅以鲜果品和调味料	工艺性强，成品美观、精巧	口味以甜味为主，清香、酥松

知识检测

一、选择题

1. 被称为我国面点制作的独特技术是（　　）。

A. 削 　　　　　　　　　　B. 抻

C. 切 　　　　　　　　　　D. 卷

2. 面食技术最早出现在（　　）。

A. 战国时期 　　　　　　　B. 汉代时期

C. 魏晋南北朝时期 　　　　D. 隋唐五代时期

3. 下列属于广式面点品种的是（　　）。

A. 娥姐粉果 　　　　　　　　　　B. 刀削面

C. 笋尖鲜虾饺 　　　　　　　　　D. 三丁包子

4. 船点属于（　　）面点。

A. 京式 　　　　　　　　　　　　B. 广式

C. 苏式 　　　　　　　　　　　　D. 川式

5. 口味偏甜的是（　　）面点。

A. 京式 　　　　　　　　　　　　B. 广式

C. 苏式 　　　　　　　　　　　　D. 川式

6. 下列叙述正确的是（　　）。

A. 广式点心的馅心选料讲究，讲究保持原味、馅心多样，味道清淡鲜滑

B. 广式点心的馅心选料讲究，讲究保持原味、馅心多样，口味一般较重

C. 广式点心的馅心选料讲究，讲究保持原味、馅心多样、汁多味浓

D. 广式点心的馅心选料讲究，讲究保持原味、馅心多样，一般多用水打馅

7. 下列属于面点常用单一成熟法的是（　　）。

A. 蒸、煎、煮、炸 　　　　　　　B. 蒸、煎、炸、焖

C. 蒸、煎、烧、贴 　　　　　　　D. 蒸、煎、煮、烤

8. 请选择一组广式面点（　　）。

A. 叉烧包、沙河粉、翡翠烧麦 　　B. 娥姐粉果、清油饼、船点

C. 虾饺、叉烧包、莲茸甘露酥 　　D. 文楼汤包、三丁包子、豌豆黄

二、判断题

1. 苏式面点包括沪、苏州、淮扬、杭州等风味流派。（　　）

2. 中国早期面点形成的时间，大约是汉代。（　　）

3. 汉代至南北朝时期发酵技术进一步成熟，出现了蒸笼等炊事用具和面点成形器具。（　　）

4. "都一处"烧卖是苏式面点的代表品种。（　　）

5. 包子、馒头、拉面、烩面、汤圆、年糕都属于麦类面粉制品。（　　）

6. 我国面点按口味分类可以分为甜味、咸味、复合味三类。（　　）

7. 京式面点吸收了部分西点制作技术，故自成一格。（　　）

8. 京式面点富有代表性的品种有龙须面、清油饼、虾饺、芸豆卷、豌豆黄、小窝头等。（　　）

9. 京式面点馅心用料讲究、口味浓厚、色泽深，生馅一般用掺皮冻馅。（　　）

10. 粽子是我国最早的方便食品。（　　）

项目二　走进面点间

任务一　面点制作设备与工具

 任务目标

技能目标

➤ 能够正确使用、保养面点制作常用设备与工具

知识目标

➤ 了解面点制作常用设备的功能及用途
➤ 了解面点制作常用工具的用途

 任务学习

一、常用设备及用途

（一）初加工设备

1. 搅拌机

搅拌机有卧式和立式两种。机器分为机身、不锈钢桶和搅拌头。常用的搅拌头有网状头（用于搅打蛋液、打发奶油或糖浆等）、片状头（用于拌馅）、钩状头（用于和面）。

2. 绞肉机

绞肉机主要用于绞肉馅、豆沙馅等。肉类加工设备凡是转动部位必须加装防护罩装置，以确保人身安全。

3. 磨浆机

磨浆机主要用于磨制米浆、豆浆等。

（二）成形设备

1. 案台

案台又称为案板，是手工制作面点的工作台，用于和面、擀皮、成形等面点操作。案台以实木、不锈钢、大理石等材质为主，其中木质材料以松木、枣木最好，其次为柳木。

2. 压面机

压面机的主要功能是利用机械手段反复压制面团，理顺面筋纹理，改善面团结构，减少劳动强度，提高产品质量。

3. 月饼成形机

适用于广式月饼的成形。利用机器将馅心包入面皮中，再冲压成形。用它生产的制品大小一致、质量均匀、形态美观，大大提高了工作效率。

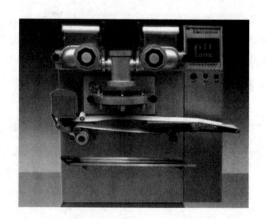

4. 饺子成形机

饺子成形机具有方便快捷的特点。操作时要注意面团、馅心的干湿度，注意调整皮、馅的比例。

（三）成熟设备

1. 烘烤炉

烘烤炉有隧道式烤炉、旋转式烤炉、柜（箱）式烤炉，前两种适合大批量生产。根据所使用能源又可分为煤气、天然气、电气等多种。目前饮食行业常用的是柜（箱）式电烤炉，主要是用远红外线的辐射热将制品烘烤成熟。采用烘烤的方法成熟的制品，具有酥、松、香、脆等特点。烤箱在使用前要提前调到所需温度预热，开关炉门要轻拉轻放。工作结束后要及时关闭烤箱电源，保证使用安全。

2. 微波炉

主要利用微波发生器产生微波能量，用波导管输送到微波加热器，使被加热的物体在微波辐射下引起分子共振产生热量，从而达到加热、烘烤的目的。微波炉具有加热时间短、穿透能力强的特点。微波炉加热时没有明火，制品成熟时不发生焦糖化作用，色泽较差。

3. 电饼铛

电饼铛主要用于面点的煎、烙。加热时制品受热均匀，不容易发生焦糊现象。

4. 电炸炉

主要用于面点的炸制，配有滤油网，可调节温度，具有快捷、清洁卫生、移动方便等特点。

5. 蒸箱

蒸箱在饮食行业中的应用越来越广泛，多用于蒸制食品的加热成熟。

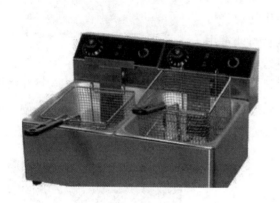

二、常用工具及用途

（一）制皮工具

1. 擀面杖

擀面杖可分为面杖、单手杖、双手杖三种，粗细、长短不等。面杖适用于擀制面条、大饼、馄饨皮、卷制品等。

单手杖呈圆柱形，多用于擀制饺子皮、包子皮及酥皮面点的成形等。

双手擀面杖（橄榄杖）两头细，中间粗，常用于烧麦皮的擀制。

2. 走槌

走槌又称通心槌，形似滚筒，中间空。走槌用檀木或枣木制较好。走槌适用于擀制大块油酥面团的起酥等。

（二）成形工具

面点制作时有些操作必须借助于一些工具才可完成，如模子、印子、花筒、花钳、剪刀、裱花嘴等，都是成形时常用的工具。

（三）辅助工具

面点制作的辅助工具很多，如电子秤、粉筛、粉帚、刮板、竹筷、汤匙、刀、打蛋帚等，多用于面点的称料、调料、熟制、初加工等。

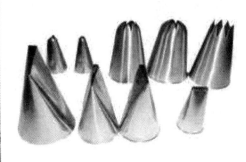

（四）成熟工具

成熟工具主要是指与成熟设备相配套的工具，如烤盘、锅铲、漏勺等。

三、设备、工具的使用与保养

面点常用的工具和设备很多，性能、特点、作用各不相同，在使用时必须注意以下几个方面：

1. 了解工具、设备的性能，按正确的方法使用

在使用机器设备前必须先看说明书或在购买时就先派专人到厂家接受培训，掌握正确的使用方法，以免损坏机器或造成人身伤害等。

2. 注意清洁卫生，设立保管室

食品是直接入口的，工具的清洁卫生直接影响着食品安全和客人的健康。工具不卫生，首先会影响菜肴的色香味，其次会使食品受到污染，传播疾病。一般在使用前后都必须将设备工具擦拭干净，晾干后，放到既通风又干燥的保管室，由专人负责保管。操作时，生、熟食品加工使用的工具、设备要分开，工具要保持清洁并定期消毒。

3. 登记编号，安全操作

面点使用的工具和设备很多，通过编号可以科学地对工具进行管理。相同工具较多时应该用钢印打上号码，真正做到"用有定时，放有定点"。烹饪过程常用到刀具、电器、燃气等危险物，所以工作时应该严格按照要求，集中精力，安全操作。操作间的设计及物品摆放要合理。消防器材要勤检查，到期的及时更换，以确保人身和财产安全。

想一想

（1）面点间的工具和设备的保养有哪些注意事项？

（2）如何安全使用烘烤炉？

任务二　操作卫生安全知识

 任务目标

技能目标

➤ 能够根据卫生规程、安全规程规范操作

知识目标

➤ 明确面点操作间的卫生规程、安全规程

任务学习

面点操作间是学习技艺的地方，只有安全、卫生的环境和严格的制度，才能帮助我们更好地学习技能并将所学知识运用到行业中去。

一、面点操作卫生规程认知

（一）面点操作间的基本环境卫生

（1）操作间干净、明亮，空气畅通，无异味。

（2）全部物品摆放整齐。

（3）机械设备（和面机、绞馅机等）、工作台（案板）、水池、工具（面杖、刀剪、箩、秤等）、容器（缸、盆、罐等）做到"木见本色铁见光"，保证没有污物。

（4）地面保证每班次清洁一次、炉具每日打扫一次。

（5）抹布要保证每班次严格清洗一次，并晾干。

（6）冰箱、展示柜、原料储藏柜等内外要保持清洁、无异味，物品摆放整齐。

（7）不得在操作间内存放私人物品。

（二）工作台的清洗方法

（1）先将案板上的面粉清扫干净，并将面粉过筛后倒回面桶。

（2）用刮刀将案板上的面污、黏着物刮下并扫净。

（3）用抹布或板刷带水清洗面案上的黏着物，同时将污水、污物抹入水盆中，绝不能使污水流到地面上。

（三）地面的清洗方法

（1）先将地面扫净，倒掉垃圾。

（2）擦拭地面时，要注意擦面案、机械设备、物品柜下面，不留死角。

（3）擦拭地面应采用"倒退法"，以免踩脏刚擦拭干净的地面。

（四）抹布的清洁方法

（1）用洗涤剂洗净抹布。

（2）将抹布放入开水中煮10分钟。

（3）将抹布放入清水中清洗干净。

（4）将洗干净的抹布拧干水分，晾晒于通风处。

（五）面点操作间的卫生制度

（1）面点间员工必须持有健康证、卫生培训合格证。

（2）面点间员工必须讲究个人卫生，达到着装标准、工作服清洁，不允许穿着工作服去做与生产经营无关的工作。

（3）原料使用必须符合有效期的规定，不准使用霉变和不清洁的原料。

（4）面点间食品存放必须做到生熟分开、成品与半成品分开，并保持容器的清洁卫生。

（5）随时注意面案、地面、室内及各种设备用具的清洁卫生，保持良好的工作环境。

（6）每天按卫生分工区域做好班后清洁工作。操作工具、容器、机械必须做到干净、整洁，接触成品的用具、容器以及抹布等要清洗干净。

二、面点操作安全规程认知

（一）用电安全

（1）要学习和熟练掌握各种机械设备的使用方法与操作标准，使用各种机械设备时应严格按规程进行操作，不得随意更改操作规程，严禁违章操作。设备一旦开始运转，操作人员不准随便离开现场，对于电器设备高温作业的岗位，作业中随时注意机器运转和油温的变化情况，发现意外及时停止作业，并及时上报老师，遇到故障不准随意拆卸设备，应及时报修，由专业人员进行维修。

（2）禁止使用湿抹布擦拭电源开关，严禁私自接电源，不准使用带故障的设备，下课后要做好电源和门窗的关闭检查工作。

（3）对于操作间的带电设备设施（如灶台、抽油烟机及管罩、电烤箱、搅拌机等），要定期进行清理，在清洗厨房时，不要将水喷洒到电器开关处，防止电器短路引起火灾。

（4）每次上、下课前由课代表逐一检查油路、阀门、气路、燃气开关、电源开关的安全情况，如果发现问题应及时报修，严禁私自进行处理。

（二）用具安全

（1）对学生使用的各种工具要进行严格管理，严格按要求使用和放置工具，不用时应将工具放在指定位置，不准随意拿工具吓唬他人或用工具指对他人，操作完毕应将工具放在指定位置存放，不准随意把工具带出实习场所。

（2）学生个人的专用刀具，不用时应放在统一固定位置保管好，不准随意借给他人使用，严禁随处乱放，否则由此造成的不良后果，由刀具持有人负责。

（3）实训室的各种设备均由专人负责管理，他人不得随意乱动，定期检查厨房的各种设施设备，及时消除安全隐患。

（三）消防安全

（1）掌握厨房内消防设施和灭火器材的安放位置与使用方法，经常对电源线路进行仔细检查，发现超负荷用电及电线老化现象要及时报修。

（2）一旦发生火灾，应迅速拨打火警电话并简要说明起火位置，尽量设法自行灭火，并根据火情组织、引导学员安全撤离现场。

（3）使用燃气灶时要用点火棒点火，禁止先打开燃气自然火开关后点火。

（4）使用热油炸点心时，注意控制油温，防止油锅着火。

（5）在正常实习期间，实训室各出口的门不得上锁，要保持畅通。

（四）操作安全

（1）安全用电，使用电器时要谨防触电，不要用湿手接触电器。设备或电路使用前要认真检查有无破损，老师检查允许后，学生方可进行操作。用电结束后，应及时拔掉电源插头或按管理员老师要求关闭相关电源开关，并做登记，把照片或视频报告给管理员老师。

（2）应严格按规程进行操作，对各种器具必须轻拿轻放，发生创伤后，要及时到医务室进行处理。

（3）使用蒸汽成熟点心时，上下蒸笼要注意用湿毛巾或棉手套垫笼，防止蒸气烫伤。

（4）用烤箱成熟点心时，烤盘进出烤箱一定要戴棉手套垫厚棉布，防止烫伤。

（5）禁止在实习场所追逐打闹，防止滑倒摔伤。

 想一想

（1）面点实操间的操作卫生如何保持？

（2）要做到消防安全，主要注意哪几个方面？

 知识拓展

.

光波炉

光波炉是一种家用烹调用炉，号称微波炉的升级版，光波炉与微波炉的原理不同。光波炉的输出功率多为七八百瓦，但它具有特别的"节能"手段。光波炉是采用光波和微波双重高效加热，瞬间即能产生巨大热量。

微波炉是利用磁控管加热的，但光波微波组合炉是在微波炉炉腔内增设了一个光波发射源，能巧妙地利用光波和微波综合对食物进行加热。从结构上看，光波炉在炉腔上部设置了光波发射器和光波反射器。光波反射器可以确保光波在最短时间内最大化聚焦热能，这也是光波炉在结构上与普通微波炉的重要区别。相比微波炉，光波炉具有加热速度快、加热均匀、能最大限度地保持食物的营养成分不损失等诸多优点。光波微波组合炉主要用途在于能大大提高微波炉的加热效率，并在烹饪过程中最大程度地保持食物的营养成分，能够在烹饪食物时尽量减少水分的丧失。其实光波是微波炉的辅助功能，只对烧烤起作用。没有微波，光波炉只相当于普通烤箱。市场上的光波炉都是光波、微波组合炉，在使用中既可以微波操作，又可用光波单独操作，还可以光波微波组合操作。也就是说，光波炉兼容了微波炉的功能。

知识检测

判断题

1. 压面机属于初加工设备。（　）

2. 磨浆机属于成形设备。（　）

3. 拖地时采用倒退法才能保证没有痕迹，拖过去比较干净。（　）

4. 操作空档期间，为了节约打扫卫生的时间，可以用湿抹布擦拭烤箱或蒸箱等设备。（　）

5. 刀具要统一保管，不得随意借给他人。（　）

项目三　面点制作原料知识

任务一　面点的坯皮原料及馅心原料

 任务目标

技能目标

➢ 能够熟练鉴定面粉的质量
➢ 能够正确选择常用的馅心原料

知识目标

➢ 了解面点制作中常用坯皮原料的种类、性质及用途
➢ 了解面点制作中制馅原料的分类

 任务学习

一、坯皮原料

常用的坯皮原料有面粉、米粉和杂粮粉等。米粉和面粉是制作坯皮的主要原料。面粉调制成的面团有较强的弹性、韧性、可塑性，而米粉面团则黏性较强。它们含有大量的淀粉、蛋白质、维生素和其他营养物质，是人们日常生活中所需能量的主要来源之一。

（一）面粉

1. 面粉的分类

面粉是由小麦经加工而成的粉状物质。目前，市场上供应的面粉可分为等级粉和专用粉两类。

面粉调制后既有较强的弹性、韧性和延展性，还有较强的可塑性，用于制作包子、饺子、饼等面食。

（1）等级粉。等级粉是根据面粉加工精度的不同来分类的，一般可分为特制粉、标准粉和普通粉三个等级（见表3-1）。

表3-1　面粉的等级及特点

等级	粉色	颗粒	含麸量	面筋质含量	灰分不超过（%）	湿面筋含量不低于（%）	水分含量不超过（%）	例点
特制粉	洁白	细小	少	高	0.75	26	14.5	花式蒸饺、蚝油叉烧包等
标准粉	黄	粗	高	少	1.25	24	14	大众面点制品
普通粉	淡黄	较粗	高	少	1.25	22	13.5	家常面点制品

（2）专用粉。专用粉是针对不同面点品种的特点，在加工制粉时加入适量的化学添加剂或采用特殊处理方法，使制出的粉具有专门的用途，如饺子粉、面包粉、糕点粉、自发粉等。

1）饺子粉。饺子粉具有粉质细腻洁白、面筋含量较高等特点，调制成的面团具有较好的耐压性和良好的延展性，适合制作水饺、面条、馄饨等。

2）面包粉。面包粉又称高筋粉，是用胶质多、蛋白含量高的小麦加工而成的。用面包粉调制的面团筋性大，持气性强，制作出的面包体积大、组织松软有弹性。

3）糕点粉。糕点粉又称低筋粉，是将小麦经高压蒸汽加热2分钟后，再磨制成的面粉。小麦经高压蒸汽处理后，蛋白质发生变性，失去活性，面粉的筋性降低。糕点粉适合制作蛋糕、饼干、桃酥等面点。

4）自发粉。自发粉是在特制粉中加入一定量的泡打粉或干酵母而制成的面粉。自发粉在使用时要注意水和添加辅料的用量,以免影响面团的涨发。自发粉可以直接用于馒头、花卷、包子等发酵食品的制作。

2. 面粉质量鉴别

面粉质量的好坏、营养价值的高低,常用化学方法通过化学成分的多少来鉴别,但是人们日常生活中通常用感官法来加以鉴别,即从气味、色泽、滋味、组织状态等方面来鉴别。

(1) 气味鉴别。进行面粉气味的感官鉴别时,取少量样品置于手掌中,用嘴哈气使之稍热,为了增强气味,也可将样品置于有塞的瓶中,加入 60℃ 的热水,紧塞片刻,然后倒出嗅其气味。

(2) 色泽鉴别。进行面粉色泽的感官鉴别时,应将样品在黑纸上撒一薄层,然后与适当的标准颜色或标准样品做比较,仔细观察其色泽异同。

(3) 滋味鉴别。进行面粉滋味的感官鉴别时,可取少量样品细嚼,遇有可疑情况,应将样品加水煮沸后尝试。

(4) 组织状态鉴别。进行面粉组织状态的感官鉴别时,将面粉样品在黑纸上撒一薄层,仔细观察有无发霉、结块、生虫及杂质等,然后用手捻捏,以试手感。

面粉中的含水量一般为 13.5% ~ 14.5%。含水量过高则不易保存(可用手握紧面粉然后松开,通过观察其结团的大小来加以鉴别)。正常的面粉色淡黄,有轻微的麦香味,如表 3 – 2 所示。

表 3 – 2   面粉质量鉴别

面粉质量	气味鉴别	色泽鉴别	滋味鉴别	组织状态鉴别
良质面粉	具有面粉的正常气味,无其他异味	色泽呈白色或微黄色,不发暗,无杂质的颜色	味道可口,淡而微甜,没有发酸、刺喉、发苦等,咀嚼时没有沙声	呈细粉末状,不含杂质,手指捻捏时无粗粒感,无虫子和结块,置于手中紧捏后放开不成团
次质面粉	微有异味	色泽暗淡	淡而乏味,微有异味,咀嚼时有沙声	手捏时有粗粒感,生虫或有杂质
劣质面粉	有霉臭味、酸味、煤油味或者其他异味	色泽呈灰白或深黄色,发暗,色泽不均	有苦味、酸味或其他异味,有刺喉感	面粉吸潮后霉变,有结块或手捏成团

(二) 米粉

米粉是由稻米加工而成的粉状物质,是制作粉团、糕点的主要原料之一。

（1）米粉按性质可分为粳米粉、籼米粉、糯米粉三种，如表3-3所示。

表3-3 米粉分类（按性质）

分类		特点	用途
糯米粉（江米粉）	粳糯米	柔糯细滑、黏性大、品质较好	八宝饭、年糕、汤圆等
	籼糯米	粉质粗硬、黏糯性小、品质较差	
粳米粉		黏性较小、一般与糯米粉配合使用	糕团、粉团等
籼米粉		黏性小、涨性大	萝卜糕、伦敦糕等

（2）米粉按加工方法又可分为干磨粉、湿磨粉和水磨粉，如表3-4所示。

表3-4 米粉分类（按加工方法）

分类	制作方法	优点	缺点
干磨粉	不加水，米直接磨成的细粉	含水量少、不易变质、方便保管和运输	粉质较粗，成品爽滑性差
湿磨粉	经过淘洗、浸泡、涨发、控水、磨制，磨后筛出粗粒	细腻有光泽，适合制作各种精细糕点	磨出的粉需干燥储藏
水磨粉	经过淘洗、浸泡、带水磨成粉浆、压粉沥水、干燥等	粉质细腻、成品柔软、口感滑润	含水量大，不宜储藏和运输

（三）杂粮粉

杂粮粉最早应用于广式面点。制作面点常用的杂粮有小米、玉米、高粱米、大麦、荞麦、甘薯等。

（1）小米磨成粉后制作窝头、丝糕及各种糕饼，与面粉掺和后亦能制作各式发酵食品。小米的特点是粒小、滑硬、色黄，可制作干饭、稀粥等。

（2）玉米粉可制作窝头、玉米饼等制品。与面粉掺和后，亦可用来制作各式发酵制品。还可制作各式饼干、蛋糕等。

（3）高粱去皮后即为高粱米。粳性高粱米可制作干饭、稀粥等，糯性高。高粱米磨

成粉后，可制作糕、团、饼等食品。高粱也可作为酿酒和制作醋、淀粉、饴糖的原料。

（4）大麦的主要用途是制造啤酒和麦芽糖，在中点制作中，可以制作麦片和麦片粥等。

（5）荞麦含有丰富的蛋白质、硫胺素、核黄素和铁，磨成粉后既可制作主食，也可与面粉掺和制作扒糕、饸饹等食品。

（6）红薯又称甘薯、山芋等。淀粉含量较高，质软而味香甜，与其他粉料掺和后有助于发酵。鲜红薯煮（蒸）熟捣烂与米粉、面粉等掺和后，可制作各类糕、团、包、饺、饼等；红薯粉又可代替面粉制作蛋糕、布丁等各种点心；还可用来酿酒、制糖和淀粉等。

二、馅料

馅料根据原料性质分为植物类馅料和动物类馅料。

（一）植物类馅料

面点中广泛运用的植物类原料主要有蔬菜、果品、豆类、菌类等。

1. 蔬菜

制馅时应选择那些新鲜质嫩且含水量较少的蔬菜作为原料，带皮蔬菜做去皮处理，以保证制品的质量。水分多或异味大的原料必须经过焯水去异味、切碎、挤水分等过程才可使用。亦可用蔬菜干制品，但需经涨发过程，恢复部分水分。

2. 果品

甜馅或增香调味的所用原料。果品包括水果、干果、果脯、果酱等。

（1）水果。常用的水果有橙子、菠萝、香蕉等，多用于制馅、果酱、果馅等，另外，还可用来美化面点。

（2）干果。干果味美可口、营养丰富，常用的原料有瓜子仁、花生仁、核桃仁、松子仁等。选料时以肉厚、体干、洁净、无霉变为佳，多用于制作甜馅，如五仁馅、枣泥馅等，也可用于面点装饰美化。

（3）果脯、果酱、果馅蜜饯。常作为甜馅的辅助原料，亦可用于装饰美化面点。常用的包括冬瓜糖、青红丝、柿饼、苹果酱、草莓酱等。

3. 豆类

豆类主要有绿豆、大豆（黄豆）、赤小豆（豇豆）、蚕豆、豌豆等。豆类是制作泥茸馅的常用原料，最常见的有绿豆沙馅和红豆沙馅。

4. 菌类

菌类原料味道鲜美、清香爽口，常用于制作各式风味面点的馅心。常用的菌类原料有口蘑、香菇、银耳、木耳、杏鲍菇、茶树菇等。

（二）动物类馅料

面点制作中常用的动物性原料有家禽类、家畜类、水产品等。

1. 家禽类

可用于面点制作馅心的家禽主要有鸡、鸭、鹅、鹌鹑等。以鸡胸肉使用最为广泛，除单独制作馅心外，还可与其他原料搭配使用。

2. 家畜类

常用的家畜类有猪肉、牛肉、羊肉等。

（1）猪肉。是中点制作中用途最广的馅心原料。用猪肉制馅时，要选择肥瘦适中的部位，如前夹心肉、后腿肉、五花肉等。这些部位的肉吸水性强、肥瘦相间，可使馅心鲜嫩汁多，肥而不腻，蒸熟后有较多的卤汁，能使成品味美爽口。

（2）牛肉。牛肉制馅一般选用筋膜少、纤维较短、鲜嫩无异味的牛肉，如后腿肉、里脊肉等。

（3）羊肉。羊肉制馅应尽量选择无筋、膻味较小、肉质细嫩的部位。制馅时去膻味要注意加调味品或葱、姜等，馅心会更鲜美。

3. 水产品

制馅用的水产品主要包括海鲜类和鱼类。海鲜类制馅时一般作主料，多选海参、虾、蟹等。海鲜类在制馅时，应选用肉质坚实、肥壮、鲜嫩的原料。鱼肉制馅，味鲜质嫩，选料时应选用体大、肉厚、刺少的大马哈鱼、草鱼等。

 想一想

（1）如何区分粳米、籼米和糯米？

（2）如何鉴别面粉质量？

（3）如何挑选家畜类原料？

任务二　面点调辅料

任务目标

技能目标

➤ 能够区分常用糖，并能正确掌握糖的用途
➤ 熟练掌握几种常用天然色素的使用方法

知识目标

➤ 熟悉面点制作中常用的调辅料
➤ 熟悉面点制作中常用的添加剂

任务学习

调辅料包括调味原料和辅助原料，它们既可制馅，又可用于面团调制，以增加制品的口味、改善面团的性质、提高制品的质量。调料常用的有糖、盐、油、蛋、乳、酱油、酱类、料酒、蚝油、鸡精、辣椒油、孜然、咖喱粉、十三香、葱姜、花椒、大料和各种添加剂等。

一、调味原料

（一）糖

糖是面点制作中的重要原料之一，在面点制作中可以增加制品甜味，调节馅心口味，改善面团品质，提高成品的营养价值。常用的有白砂糖、绵白糖、红糖、饴糖等（见表3－5）。

表3－5　糖的分类及特点

名称	特点	用法
白砂糖	用途最广的食糖，呈细小的晶体，色白透明	常用于各种甜点的制作。由于颗粒稍大，有时使用时要擀成糖粉，或制成糖水和糖浆
绵白糖	色白、杂质少、甜味足、质地细密	可以直接加入面团中，是面点制作中的佳品
红糖	含杂质较多，质量较差，含有较多的糖蜜、色素等物质	使用前需制成糖水，滤去杂质使用，在面点制作中可以起到增色、增香的作用
饴糖	主要成分是麦芽糖，色棕黄、黏稠、甜味淡	可以使面团上色、体积增大，还可以熬制糖浆，起到冷却后使制品定型的作用。如制作沙琪玛、蜜三刀，在熬制糖浆时均需加入饴糖

糖在面点中的作用有：

（1）赋予制品甜味。

（2）提高制品营养价值。

（3）改善制品色泽。面点制品生坯表面刷一层糖水，经高温烘烤或炸制后糖发生焦糖化作用，表面金黄，色泽美观诱人。

（4）改进面团的组织结构。少量糖可以使面团的黏性降低，制品变得松软，但用量过多，反而会使制品变脆。

（5）提供酵母养料，调节发酵速度。调制发酵面团添加糖量不超过面粉量的20%，糖为酵母菌生长繁殖提供养分，促进发酵。如果糖量过多，糖的渗透作用会抑制酵母菌的生长繁殖，影响发酵速度。

（6）具有防腐作用。当糖分的含量过高时，糖的渗透作用会使微生物组织细胞脱水，产生质壁分离，抑制微生物的生长繁殖，延长制品的存放期。加糖越多，存放期越长。例如，将水果果肉用高浓度的糖液或蜜汁浸透制成蜜饯，保质期明显延长。

（二）食盐

食盐是百味之王，其化学成分是氯化钠。"咸香淡无味"，足见盐的地位。按加工精度又可分为粗盐、细盐和精盐。食盐以色白、味纯、无苦味、无杂质为佳。食盐在面点中的作用有：

（1）调味作用。

（2）增强面团的筋性。食盐能使面团的面筋网络更加致密，使面团的弹性和韧性更强。如在拉面、烩面、刀削面等冷水面团制品中加盐都是利用了这个原理。

（3）改善面团的色泽。面团加盐后，组织结合更加紧密，当光线照在制品的表面时，投射的阴影较小，所以加盐调制的面团色泽洁白。

（4）调节发酵速度。面团发酵时加入适量的盐（面粉量的0.3%以下），使面团组织更加致密，面团的持气性增强，从而提高了发酵的速度。如果加盐量过大，盐的渗透作用会抑制发酵面团酵母菌的生长繁殖；太咸也会影响制品的口味。

（三）油脂

1. 植物油

植物油脂是从植物的种子里榨取的。榨制的方法有冷榨法和热榨法两种。植物油在常温下是液态。常用的植物油有花生油、菜籽油、豆油、芝麻油等。

（1）花生油。花生油是以花生为原料，经加工榨取的油脂。纯正的花生油色泽淡黄，透明清亮，有淡淡的花生香味。常温下不浑浊，当温度低于4℃时，黏稠浑浊呈粥状，色泽淡黄。花生油在面点中的用途很广，可用于制馅、调制面团、炸制品。

（2）菜籽油。菜籽油是菜籽经加工榨取的油脂。色泽深黄略带绿色，有浓重的菜籽腥味，不宜调制面团或作炸制油，是制作色拉油、人造奶油的主要原料。

（3）豆油。豆油是从大豆中榨取的油脂。色泽淡黄，亚油酸含量很高，胆固醇含量低，营养价值较高，有益于人体健康。豆油用于炸制，上色最好，但有较大的豆腥味，容易起沫子，食用前先炸一下葱姜，可以去掉大部分的豆腥味。精制的豆油可用于调制面团。

（4）芝麻油。芝麻油又称香油、麻油，是用芝麻榨取的油脂。呈红褐色，味浓香，一般用于调味增香。

2. 动物油

动物油是指从动物的脂肪或乳中提取的油脂。动物油常温下为固态，有较好的醇香味。具有熔点较高、可塑性强、流散性差、风味独特等特点。常用的动物油有猪油、奶油、鸡油、牛油、羊油等。

（1）猪油。猪油是面点制作中重要的辅助原料之一。猪油又称大油、白油，是由猪的脂肪组织炼制而成的。猪油常温下呈软膏状，乳白色或略带黄色，常温下呈固态，高于常温时为液态，有浓厚的脂肪香气。猪油起酥性较好，常用于油酥面团的调制，也可用于调馅，调出的馅心香气浓郁、醇厚，色亮滋润。

（2）奶油。奶油也称黄油，是从动物乳中提取出来的。奶油色淡黄，常温下呈固态，香味浓郁、易消化、营养价值高，用奶油调制的面团组织结构均匀，制品松软可口，常用于广式面点和西式面点的制作。奶油中含水分较多，在高温下容易受细菌和霉菌的污染。另外，奶油中的不饱和脂肪酸容易氧化酸败，因此要低温保存。

（3）鸡油。鸡油是从鸡的脂肪组织中提取的，色泽金黄，鲜香味浓，易于被人体消化吸收，有较高的营养价值。鸡油的提取方法有两种：一是将鸡的脂肪组织加水，用中火慢慢熬炼；二是放在容器中蒸制。由于鸡油来源少，一般用于增色或调味，如鸡油馄饨、鸡油面条等。

（4）牛油和羊油。牛油和羊油是从牛羊的脂肪组织及骨髓中提炼出来的。牛羊油熔点高（44℃～45℃），常温下呈固态，有浓厚的腥膻味，不易被人体消化吸收。

3. 加工性油脂

加工性油脂是将油进行二次加工所得到的产品。常见的有人造奶油、人造鲜奶油、起酥油、色拉油等。

（1）人造奶油又称"麦淇淋"，是英文 Margaring 的音译。人造奶油是用氢化植物油、乳化剂、色素、食盐、赋香剂、水等经乳化而成的。人造奶油有浓郁的奶香味，具有良好的乳化性、起酥性、可塑性，常用于西点制作。但人造奶油的主要成分是反式脂肪酸，不易被人体消化吸收，长期食用对人体有一定的危害。

（2）人造鲜奶油也称"鲜忌廉"，是英文 Cream 一词的音译。人造鲜奶油的主要成分是氢化棕榈油、山梨酸钠、酪氨酸钠、单硬脂酸甘油酯、大豆卵磷脂、发酵乳、白砂糖、精盐、油、香料等。人造鲜奶油应储藏在18℃以下，使用时稍微软化，常温解冻，用搅拌器慢速搅打至无硬块后改为高速搅打，使其体积增大为原体积的10～12倍后变为慢速打发，直至坚挺性好、组织细腻即可使用。打发人造鲜奶油常用于西点点缀、蛋糕裱花等。

（3）色拉油是植物油经脱色、脱臭、脱蜡、脱胶等工艺精制而成的。色拉是英文"Salad"的音译。色拉油无不良气味，清澈透明，稳定性强，是优质的炸制油，炸出的制品色正、形态好。

油脂在面点中既可以用于调制馅心，又是调制面团的重要原料，还可以作为炸制时的传热介质，在面点制作中的作用如下：

（1）增加香味、提高成品的营养价值。油脂是人体所需的主要营养物质之一，可以为人体新陈代谢提供能量。

（2）增加层次、使制品酥松。调制面团时，油脂包围在面粉颗粒周围，面粉颗粒之间充满了空气，空气受热膨胀，制品酥松，同时面粉颗粒吸不到水分，加热时易碳化而变脆，使制品具有酥脆的口感。

（3）降低面团的筋力和黏着性，便于成形。

（4）油脂可作为传热介质。

（5）使制品油光发亮。

（四）蛋品

常用的蛋品有鸡蛋、鸭蛋、鹅蛋、鹌鹑蛋等，其中鸡蛋的应用最为广泛。

蛋品在面点制作中应用广泛，既可以增加营养，也可以增加香味，使制品色泽鲜艳，并使制品结构疏松，改进面团的组织。在蛋糕的制作过程中，利用蛋清的起泡性，鸡蛋经过搅打可以拌入大量空气，经过加热使蛋糕体积增大，质地松软，呈海绵状。蛋品还可以用于馅心的调制。

（五）乳品

在面点制作中常用的乳品有牛奶、炼乳、奶粉等。乳品营养丰富、色泽洁白，香味醇厚，同时还具有良好的乳化性，可以改善面团的组织结构，使制品不易老化。常用于高级甜点的制作。

二、食品添加剂

食品添加剂是指在不影响食品营养价值的基础上，为了增强食品的感官性状，提高或保持食品的质量，在食品生产中人为地加入适量化学合成或天然的物质，这些物质称为食品添加剂。面点中常用的食品添加剂有膨松剂、着色剂、赋香剂、增稠剂、调味剂、乳化剂、凝胶剂等。

（一）膨松剂

使用后能使面点制品体积膨大疏松的物质称为膨松剂。膨松剂分为生物膨松剂和化学膨松剂。

1. 生物膨松剂

生物膨松剂又称生物发酵剂，主要是利用酵母在面团中生长繁殖的过程中产生二氧化碳气体，从而使制品达到疏松膨胀的效果。目前面点制作中常用的发酵剂有酵母菌和面肥两种，此外还有将酒或酒酿作为膨松剂使用的。酵母作为发酵剂的优点是：发酵力强，发酵速度快，效果好，没有酸味，但成本高。面肥发酵是我国传统的发酵方法，成本低，但发酵过程中由于醋酸杂菌的存在，会产生醋酸，使面团有酸味，必须加碱进行酸碱中和后才能用于面点的制作。

2. 化学膨松剂

化学膨松剂是指在面团调制过程中加入的一些化学物质，经加热发生化学反应，使面团产生大量气体，达到体积增大、膨松的效果。常用的化学膨松剂有发粉、小苏打、臭粉、碱、盐等。

（1）发粉，又称泡打粉，是一种白色粉末状物质，是由碱性剂（小苏打）和酸性剂（酒石酸等）配制而成的复合剂。

（2）小苏打，俗称食粉、重碱，化学名称为碳酸氢钠，是一种白色粉末，在50℃～60℃时分解生成二氧化碳气体，多用于油条、麻花及各式酥点中。使用过多会使制品发黄，有苦涩味，一般用量为1%～2%。

（3）臭粉，是一种白色晶体状物质，化学名称为碳酸氢铵，易溶于水，溶液呈碱性，容易分解，在35℃以上开始分解，产生二氧化碳气体、氨气和水，有刺鼻的氨气味。它的优点是用量少、产气多，但制品刚成熟时有氨气味。用量一般不超过面粉的1%。常用于炸制、烤制的面点，如核桃酥等。

（4）碱面，又称纯碱，化学名为碳酸钠，是一种白色粉末状物质，水溶液呈碱性，遇酸发生酸碱中和反应产生二氧化碳气体，在面肥发酵的过程中常常用到。在冷水面团中加入少许碱面，可以增加面团的韧性和延展性，如制作抻面、刀削面时都要用到。

（二）天然色素

天然色素是用于改善制品色泽的辅料，能使制品色泽鲜艳，诱人食欲。常用的天然色素有叶绿素、红曲米、焦糖、姜黄和姜黄素等。化学合成色素色泽鲜艳、性质稳定、着色力强，成本低，使用方便，但含有毒性，超过一定剂量会影响人体健康，所以国家规定餐饮行业禁止使用人工合成色素，在一些烹饪技能大赛中，更是严令禁止使用人工合成色素。

（三）香精

香精在面点中用于改善制品的风味，增进食欲。香精是由多种香料调制而成的，它包括天然香料和单体香料（人工合成香料）。天然香料是从植物中提取的，对人体无害。单体香料（人工合成香料）是经加工合成的芳香烃类化合物，对人体有害，使用量应控制在0.15%～0.25%。目前常用的有香草、奶油、薄荷、可可以及柠檬、香蕉、菠萝、椰子等果味香精。

 想一想

分析两种以上本地特色面点，都添加了哪些调辅料及食品添加剂，并解释添加的作用（意义）。

👨 知识拓展

食品添加剂

食品添加剂对人体有害吗？哪些不能使用？

人工合成色素又称食用焦油色素，由煤焦油原料制成。据研究，人工合成色素对人体具有三方面危害，即一般毒性、致泻性与致癌性，特别是致癌性更被人们所关注。此外，许多人工合成色素在生产过程中还会混入砷和铅等有毒物质，因此中食药监办〔2013〕134号文件中指出："人工合成色素除可按限量用于部分饮品的加工或糕点的表面装饰，严禁餐饮服务单位在食品加工中使用。"

膨松剂常用于制作油条、糕点、面食等食品，其中部分为含铝化合物，对人体有害。因此，根据《食品添加剂适用标准》（GB2760 - 2011）的要求，不得使用含铝成分的酵母粉、泡打粉、塔塔粉等食品添加剂。

 知识检测

一、选择题

1. 糖在面点制作中增加甜味，调节口味，提高成品的（ ）。

A. 维生素　　　　　　　　　B. 营养价值

C. 色泽　　　　　　　　　　D. 档次

2. 面粉中的含水量一般为（ ）。

A. 9.5% ~ 10.5%　　　　　　B. 11.5% ~ 12.5%

C. 13.5% ~ 14.5%　　　　　　D. 15.5% ~ 16.5%

3. 中式面点工艺中常用豆类主要有（ ）。

A. 赤豆、绿豆、豌豆、扁豆　　B. 大豆、蚕豆、绿豆、豇豆

C. 豌豆、赤豆、绿豆、大豆　　D. 绿豆、四季豆、赤豆、扁豆

4. 请选择下列叙述正确的语句（ ）。

A. 白砂糖色泽洁白明亮，晶粒整齐、透明，是白糖的再结晶产品

B. 白砂糖色泽洁白明亮，晶粒整齐、均匀坚实，水分、杂质还原糖的含量较高

C. 白砂糖色泽洁白明亮，晶粒整齐、细小绵软，水分、杂质还原糖的含量较高

D. 白砂糖色泽洁白明亮，晶粒整齐、均匀坚实，水分、杂质还原糖的含量均低

5. 盐的营养强化剂一般是（ ）。

A. 镁　　　　　　　　　　　B. 碘

C. 钙　　　　　　　　　　　D. 磷

6. （ ）用于炸制时上色最好，（ ）因起酥性最好，常用于油酥面团的调制。

A. 花生油　　　　　　　　　B. 豆油

C. 猪油　　　　　　　　　　D. 奶油

7. （ ）是百味之王，是人们日常生活不可缺少的重要调味料之一。

A. 盐　　　　　　　　　　　B. 糖

C. 油　　　　　　　　　　　D. 辣椒

8. 肉类加工设备凡是（ ）必须加装防护罩装置，以确保人身安全。

A. 加料部位　　　　　　　　B. 转动部位

C. 电源   D. 托盘部位

9. （　）是一种白色粉末状物质，是由酸性剂和碱性剂配制而成的复合剂，呈中性。

A. 重碱   B. 小苏打

C. 臭粉   D. 泡打粉

10. 油脂可增加香味、提高成品的（　）和营养价值。

A. 色泽   B. 口味

C. 层次   D. 弹性

二、判断题

1. 和面时加入盐，能使面团的面筋网络更加致密，提高面团的弹性和韧性。（　）

2. 臭粉的用量一般不超过面粉的 1%。（　）

3. 剪刀、裱花嘴都属于面点成形工具。（　）

4. 籼米粉的黏性大于糯米粉。（　）

5. 制馅时应选择那些新鲜质嫩且含水量大的蔬菜作为原料。（　）

6. 调制面团时加入糖能加快发酵速度。（　）

7. 油脂能降低面团的韧性。（　）

8. 面肥发酵时需加入碱面进行酸碱中和。（　）

9. 鸡蛋的蛋清具有乳化性，制蛋泡糊时有助于蛋液的打发。（　）

10. 微波炉是利用热对流的方式进行热传递的。（　）

项目四　面点制作基础操作技术

任务一　成形基础技艺

 任务目标

技能目标

➤ 能够熟练掌握和面的三种手法，调制面团能够达到"三光"标准
➤ 能够熟练运用揉、捣、叠、擦、摔等揉面手法进行操作
➤ 能够将面团搓成粗细均匀、圆滑光润的条状
➤ 能够熟练运用切剂、揪剂的手法做出符合制皮要求的剂子
➤ 能够熟练制作常见的坯皮，如水饺、馄饨、提褶中包、烧卖、水晶虾饺的坯皮
➤ 掌握和面机、压面机、开酥机的使用及保养

知识目标

➤ 熟练掌握成形基础技艺包含的内容
➤ 熟练掌握和面、揉面、搓条、下剂、制皮的常用方法

 任务学习

成形基础技艺包括和面、揉面、搓条、下剂、制皮五个方面。通过和面、揉面可以调制出适合各种制品所需要的面团。通过搓条、下剂、制皮，为面点制品的成形做好准备工作。

一、面团调制技术

面团调制是将各种主料、辅料和调料，采用手工或机械的方法，调制成适用于制作面点的面团的过程。面团调制可以分为和面和揉面两个环节。

（一）和面

和面又称调面，是按照面点制品的要求，将用于调制面团的各种粉料与水、油、蛋等

调辅料进行混合调制成面坯的操作过程。和面是面点制作的第一道工序，是面坯调制的重要环节，和面的好坏、软硬度，将直接影响到面点制品的品质和制作工艺的顺利进行。

1. 和面的手法

和面的方法可以分为手工和面和机械和面两种。

（1）手工和面。手工和面的方法可以分为调和法、抄拌法和搅拌法三种。

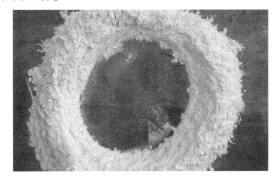

1）调和法。将粉料置于案板上"开窝"，倒入适当的水，右手（左手）五指微张开，从内向外螺旋式旋转，使水与粉料充分混合成面穗状。调和法要注意根据面坑的大小，动作先慢后快，防止水溢出坑外。另外，水要分次加入，双手要默契配合，动作要自然大方。在粉量较少的情况下适合采用调和法。

2）抄拌法。粉料倒入容器内或面粉倒案板上，中间扒开一凹坑，再将水倒入（占总加水量的70%～80%），双手张开从外向里、从下向上、十字交叉反复抄拌。抄拌时以粉推水、手不沾水、用力要均匀，促进水粉的结合，以水与粉混合成雪片状薄片为宜。然后再加入余下的水，继续双手抄拌，使面团呈现小的结块状即可。此种方法多用于冷水面团和发酵面团。

3）搅拌法。将粉料放入容器内，一手加水，另一手持搅拌工具（大小擀面杖等），边加水边搅拌，把面粉搅成团状即可。搅拌要顺一个方向进行，先慢后快。该方法适用于烫面和蛋糊面等面团的调制。搅拌法和面时的操作要领：第一，烫面面团调制时沸水要浇匀，搅拌速度要快，易于粉料和水尽快混合均匀；第二，蛋糊面调制必须顺着一个方向搅拌。

（2）机械和面。机械和面大大减轻了面点师傅的劳动强度，提高了工作效率。

机械和面是将粉料放入搅拌桶内，通过和面机搅拌桨的旋转，将粉料、辅料搅拌均匀，并经过挤压、揉捏等动作，使粉料互相黏结成坯的过程。

2. 和面的操作要领

（1）和面姿势。和面时用力较大，要求站立和面，两腿稍分开，站立要端正，上身略微向前倾，两臂自然放开，身体离案板应为一拳的距离，便于用力。

（2）掺水拌粉。以发酵面团为例，一般情况下，掺水量为每500克面粉加水250克，但掺水量的影响因素有面粉本身的含水量、制品本身要求、外界温度高低、空气湿度等，因此要根据具体制品的不同要求进行掺水。掺水量多少，掺水次数都不是绝对的。一般面团和面不宜一次加足，而应分2~3次加入（第一次70%左右，第二次20%左右，最后加以调整）。而调制烫面面团时沸水要一次加完，以便将面团一次烫透、烫好。

（3）动作迅速、干净利落。无论采用哪种手法和面，都应动作迅速、干净利落，这样才能保证面粉吃水均匀，并保持台面及手的干净度。

（4）注意操作的规范、整洁，达到"三光"要求。在和面工作完成后，要及时规整台面。另外，注意台面工具、容器和手，可用刮板将台面上粘连的面刮去；粘在手上的面，可用双手对搓，要做到面光、手光、案板（盛器）光。

（二）揉面

揉面是在面粉颗粒吸水发生粘连的基础上，经过反复揉搓，从而使粉料与辅料充分融合，调和均匀，形成光滑、柔润并符合制品质量要求的面坯的操作过程。揉面是面点制作的第二道工序，是调制面坯的关键。面团揉得好坏对制品的成形有很大影响。

不同的面团揉面的方法也不相同，揉面主要有揉、捣、揣、擦、摔、叠等基本方法。

1. 揉

使用手掌跟部用力向外，将面团揉至光亮滑润为止。揉分为单手揉、双手揉和双手交替揉三种手法。揉的适用范围较广，如水调面团、发酵面团、水油面团等均可进行揉面。

2. 揣

揣是指双手交叉或握拳用掌背一面用力向下压，或用手掌掌跟向外推、压，有时还需要边揣边蘸水，如过春节蒸花糕揣面。

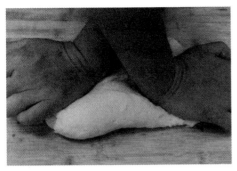 

3. 捣

捣是指在面团和好后，双手握拳在面团各处用力向下捣压的一种揉面方法。

4. 摔

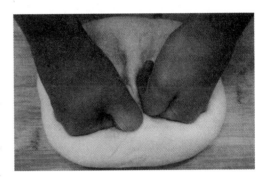

摔是指双手或单手握住和好的面团一头（面团尽可能长点，以使摔的效果更好），举起后（不要过肩）反复用力由胸前向外划弧线摔在案板上，再回折面团，依次反复进行，使面团形成良好的面筋网络，缩短饧面时间的操作方法。

5. 擦

擦是指用手掌根部向前向下用力把面团层层向前推擦，推擦到前面后，再滚向身前，卷成团，如此反复直至将面团推擦匀、透。擦制法主要用于调制干油酥面团。

6. 叠

叠是将粉料与水、油脂、糖、蛋等辅料混合后，双手配合刮板上下翻转叠压，使原料混合均匀的操作方法。叠制时要注意不可次数过多，以防止面团筋力过大，影响面团质量。该方法主要用于调制油酥面团，如核桃酥、开口笑等。

二、分坯技术

分坯就是将调制好的面团按照制品的要求分成规格一致的面坯以供制皮所用的操作过

程。分坯包括搓条和下剂两道工序。

（一）搓条

搓条就是将揉好的面团制成粗细均匀、圆滑光润的长条，是下剂前的一道工序。

1. 搓条的方法

取一块饧好的面团，双手掌压在面团上，向前后左右推搓，使面坯向左右两侧延伸，将面团搓成粗细均匀、圆滑光润的圆柱形长条，以供下一步操作使用。

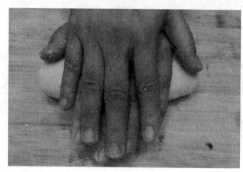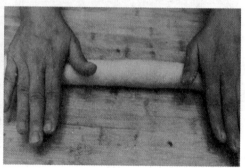

2. 搓条的操作要领

（1）双手用力要均匀适度，从中间向两边扩张，最后收尾处少用力，以确保粗细均匀。

（2）手法灵活、起落自然，连贯自如。始终以手掌部位搓制面团，才能保证搓条光洁、圆整、无干皮，粗细一致。

（3）饽粉要适量。饽粉过多则搓条易起干皮、硬皮，过少则容易粘案板，操作不顺畅。

（二）下剂

下剂是将搓好的条按照制品要求，分成一定规格分量的坯子的过程，下剂的质量将直接影响皮及制品的大小一致程度。按照操作手法可分为揪剂、切剂、挖剂、拉剂等。

1. 揪剂

揪剂又称摘剂或摘坯，是用左手轻握搓好的剂条，从左手虎口处露出相当于剂子大小的面坯，用右手大拇指和食指轻轻捏住并顺势往下前方推拉将剂子摘下。

2. 切剂

将搓好的剂条放在案板上用刀切成大小均匀的剂子，如酥盒的剂子。

3. 挖剂

将搓好的剂条放在案板上，左手按住剂条，右手四指弯曲手心朝上呈铲状，从剂头开始由下向上挖取面剂。此种下剂方法适用于较粗的剂条，如烧饼剂子、圆馒头剂子。

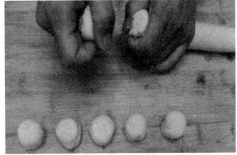

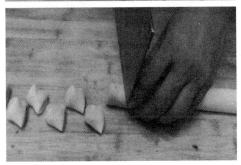

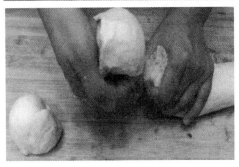

4. 拉剂

拉剂的操作方法为左手五指按住剂条，右手五指抓住剂子，用力拉下。该种方法常用于比较稀软的面团，如糯米馅饼。

（三）制皮

制皮是将坯剂制成面皮的过程。凡是需要包馅的品种，几乎都有制皮的工序。制皮的操作方法较复杂，技术难度大。制皮质量的好坏直接影响包馅制品的成形。

由于各面团性质不同，制品要求不同，制皮的方法也有所不同，常用方法有以下五种：

1. 擀皮

擀皮是应用最广的制皮方法，技术性强，要求高。擀皮就是利用擀制工具（大擀杖、小擀杖、通芯槌）将面剂擀制成相应的坯皮的过程。如饺子皮、烧卖皮、油酥皮。

2. 按皮

按皮是最基础的一种制皮方法。操作方法是：将下好的剂子截面向上，用手掌根部的力量不断地反复按压，将面皮按成中间稍厚边缘稍薄的圆形皮。按皮适用于发面包子、馅饼等的制作。

3. 拍皮

拍皮就是将下好的剂子截面朝上，用手先压一下，然后用手掌沿着剂子周围用力拍，边拍边按一个方向转动剂子，将剂子拍成中间厚边缘薄的圆形皮子。

4. 捏皮

捏皮常用于制作无筋力的面皮，如米粉皮子、薯蓉类皮子。操作方法为：将剂子揉匀搓圆，用双手手指捏成碗状，俗称"捏窝"。捏皮要用手反复将面皮捏匀，避免开裂而无法包馅。

5. 摊皮

摊皮是比较特殊的一种制皮方法。摊皮技术性很强，主要用于稀软的或糊状的面坯制皮。摊皮常用的工具有锅、錾子。摊皮是将锅或錾子加热至适当的温度，再拿着面团不停地抖动并且顺势向锅内摊成圆形皮，加热时注意翻面，待锅中的皮熟时即取下。这样的方式往往可以确保面皮的形状更加美观，并且还能确保面皮厚度的均匀。如荷叶饼、煎饼馃子等。

 想一想

面团调制的基本技术有哪些？和面的方法有哪些？

 做一做

1. 按表4-1的要求用调和法和面

表4-1　调和法和面要求

训练项目	考核项目	数量	规格	操作时间	评分标准
调和法和面	调制冷水面团	1块	500克面粉/块	10分钟	(1) 操作规范，手法干净利索 (2) 水粉混合均匀，不外溢，掺水准确 (3) 手光，案板光

2. 按表4-2的要求用揉制法揉面

表4-2　揉制法揉面要求

训练项目	考核项目	数量	规格	操作时间	评分标准
揉制法揉面	揉制冷水面团	1块	250克面团/条	5分钟	(1) 操作规范，揉面手法正确 (2) 接口处平整 (3) 面团光滑柔润

3. 按表4-3的要求搓条

表4-3　搓条要求

训练项目	考核项目	数量	规格	操作时间	评分标准
搓条	直径3厘米的条	2条	500克面粉/块	10分钟	(1) 搓条手法正确 (2) 剂条粗细均匀 (3) 光滑圆整、不起皮、无裂纹

4. 按表4-4的要求下剂

表4-4　下剂要求

训练项目	考核项目	数量	规格	操作时间	评分标准
下剂	摘剂	20只	15克/只	2分钟	(1) 操作规范，下剂手法正确
	挖剂	20只	25克/只	2分钟	(2) 手法灵活，动作熟练，速度快
	切剂	20只	30克/只	2分钟	(3) 剂子形态圆整，大小一致

5. 按表4-5的要求制皮

表4-5　制皮要求

训练项目	考核项目	数量	规格	操作时间	评分标准
制皮	饺子皮	20只	直径5厘米/只	15分钟	(1) 操作规范，制皮手法正确 (2) 双手配合协调，动作熟练，速度快
	烧麦皮	20只	直径9厘米/只	15分钟	(3) 饺子皮中间厚，周边薄，形态圆整，大小一致 (4) 烧麦皮金钱底，荷叶边，大小一致
	馄饨皮	20只	直径5厘米/只	20分钟	(5) 馄饨皮厚薄均匀，大小一致

6. 面团调制练习

采用调和法和面，并用揉、捣、摔方式揉面，将300克面粉、110克水调制成面团。要求面团组织紧密、色泽洁白并达到"三光"。

7. 下剂、制皮基本功练习

使用300克高筋粉、120克水调制成面团后，进行搓条、下剂、制皮练习。要求在15分钟内下30个剂子，并将其中15个剂子采用单手擀的方法制成饺子皮。要求下剂大小一致、摆放整齐，饺子皮坯光滑圆整、中间略厚于边缘、无毛边、无过多干粉。

任务二　成形方法

 任务目标

技能目标

➤ 能够使用切、抻、削、搓、包的成形手法熟练制作手擀面、抻面、刀削面、麻花、水饺

➤ 能够熟练制作烧麦、秋叶包、烫面蒸饺、花色蒸饺等制品的生坯

➤ 能够熟练运用包的手法包制出色泽洁白、大小均匀，不少于18褶的提褶中包生坯

➤ 能够运用其他成形方法制作相应制品的生坯

知识目标

➤ 理解成形的概念、作用
➤ 掌握上馅的分类及适合制作的制品品种
➤ 掌握常用成形方法的操作要求

任务学习

一、成形的定义及作用

（一）成形的定义

面点的成形是用调制好的面团坯皮、馅心，按照面点的要求，运用各种方法，制成各式各样的成品和半成品。成形后再经过熟制就是面点制品。

（二）成形的作用

面点成形是一项技术性较强的工作。面点和菜肴一样，同样要求色、香、味、形、质俱佳，而面点的形态美观尤为重要，形成了面点的特色。如包、饼、糕、团、粉、冻等制品，以及色泽鲜艳、形态逼真的象形花色制品，都体现了中式面点独有的特色。

二、成形的分类

面点制品花色繁多，成形方法也是千变万化。面点制作工艺流程可分为和面、揉面、搓条、下剂、制皮、上馅，再用各种手法成形。前几道工序，属于基本技术范围，与成形紧密联系，对成形品质影响较大。面点的成形包括上馅和成形两方面的内容。

（一）上馅

上馅的方法主要有填入法、铺上法、装入法、注入法和盖浇法等。

（1）填入法。一手托住坯皮或将坯皮直接放于案板上，另一手用馅挑或筷子将馅填放于坯皮上某一部位的上馅方法。此法适用范围较广，凡属于坯皮包馅的制品，无论封口或不封口，均可采用填入法上馅，如水饺、烧麦、蒸饺、麻团、馄饨、酥盒等。

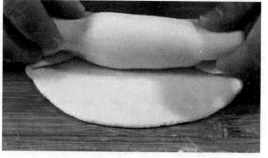

（2）铺上法。将擀制成薄皮的坯料放在案板上，并将馅料均匀地平抹在整块坯料表面的过程。此法适用于坯料较大而薄，采用卷制成形或几层皮料中夹馅成形面点的上馅，如卷筒蛋糕、豆沙花卷等。

（3）装入法。用勺子将馅料装入一定形状的坯料中的过程。用于坯料单独采用模具成形再上馅的面点，如蛋挞、南瓜盏等。

（4）注入法。将馅装入裱花袋中，再挤注在坯料表面或内部。此法适用于先成熟、后成形且料较稀软的面点制品，在西式面点中常用，如气布袋、奶油泡芙等。

（5）盖浇法。将预先成熟的馅料浇盖在熟制的坯料表面。如各类盖浇饭、各种卤的面条。

（6）滚粘法。将小型辅料或馅料切成小块，蘸水，（放入干粉中）用簸箕摇晃，裹匀即成。可用于元宵的上馅。

（二）成形

成形是将调制好的各种坯皮，经上馅或直接加工成一定形状的成品或半成品的操作过程。

（1）抻、切、削、拨。抻又叫抻拉法，是我国面点制作中独有的一项手法技巧，以北方面条制作为代表。抻是将饧好的面团经双手不断上下左右顺势抛动，反复抻拉溜条和出条，制成粗细均匀富有韧性的条状、丝状面条的独有成形手法。用抻成形的制品叫抻面或拉面。

切是面点制作中的基本成形手法。切是以刀为主要工具，将加工成一定形状的面坯分割成符合制品规格要求的一种成形方法。如手工面条、刀切馒头等。

削是用刀直接一刀接着一刀地将面团削成长形面条或面片的成形方法，包括手工削和机器削两种。如刀削面、大刀面的成形。

拨是面条的成形技法之一，是用铁、木、竹筷子将稀糊面团顺容器边缘拨出两头尖、中间粗的条的成形方法。此种成形技法适用于较为稀软的面团，如拨鱼面等。

（2）擀、按、摊、叠。擀是面点制作的基本功之一，大多数面点的成形都离不开这道工序。它具有使皮坯成形和品种成形的双重作用，是运用橄榄杖、擀面杖、通心槌等工具将坯料制成不同形态面皮的一种技法。

按又称为压、掀，是指用手掌或手指按压成形的手法，主要用于形体较小的包馅品种，如豆沙酥饼、馅饼等。按的具体要求：用力均匀，动作轻重适度，防止露馅。

按照摊制方法的不同，可分为成品成形法和半成品成形法两种。摊的具体要求：掌握好火候，动作熟练、手法灵活。成品厚薄均匀，规格一致，完整无缺。

叠是把经过擀制的面坯用折的手法制成半成品形态的一种成形工艺方法。叠的具体要求：折叠要清晰、平整，收口要齐，手法灵活，要根据点心的特点，达到成品的要求。如扬州名点千层油糕、荷花酥。

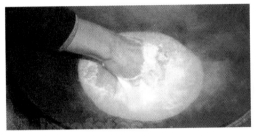

（3）捏、包、卷、搓。捏是比较复杂、花色最多的一种成形方法。是将包馅或不包馅的面坯，按成品形态要求，通过拇指与食指的技巧，制成各种形状的方法。捏可分为一般捏法和花式捏法。花式捏法又分为挤捏、推捏、捏捏、叠捏、扭捏等。捏制的品种要求符合质感、形象逼真、规格一致。如花色蒸饺、虾饺、苏式船点等。

包是将各种不同的馅心或原料，通过操作使馅料与坯料合为一体成为成品或半成品的成形方法。包法因手法和成形要求的变化而不同，如有褶包法、烧卖包法、馄饨包法、汤圆包法、春卷包法、粽子包法等。

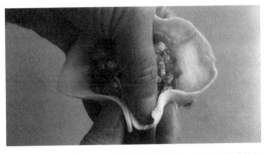

卷是将擀好的面皮或面片，经加馅、抹油或按品种要求卷起来，做成不同形式的间隔层次的圆柱形的成形方法。按卷的制法可分为单卷法、双卷法。

搓是成形的基本技术动作。搓分为搓条和搓形。搓条与面团的搓条相似。搓形即使面剂旋转，搓成桩形、拱圆形、蛋形，如高柱馒头、圆面包等。

（4）滚粘、镶嵌、钳花、模具。滚粘是将馅心加工成小方块或球形后通过着水增加

黏性，在粉料中滚动，使表面粘上多层粉料的方法。滚粘的具体要求：粉料或其他辅料要均匀地粘在制品的外层；其他辅料一般应成小颗粒状，且颗粒的大小一致；操作时动作要协调，坯剂滚动的力要均匀，如北方地区的滚元宵。

镶嵌是通过在坯料表面镶装或内部填夹其他原料而达到美化成品、增加口味目的的一种方法。镶嵌是美化成品菜点的艺术，它没有规范的手法，但镶嵌原料颗粒的大小、色彩应协调。镶嵌可具体分为直接镶嵌和间接镶嵌两种。直接镶嵌如枣糕制作中镶嵌枣。间接镶嵌是先将点心的主料和其他原料颗粒拌在一起，再制成成品，使点心的表面露出其他原料，如百果年糕制作中百果的镶嵌。

钳花是运用花钳等小型工具整塑成品或半成品的方法，从而使制品形成形态各异的花色品种。如钳花包、荷花包等。

模具是将生熟坯料注入、筛入或按入各种模具中，利用模具成形的方法。模具的种类可分为印模、套模、盒模、内模。模具成形的方法可分为生成形、加热成形、熟成形等。

（5）其他成形方法。挤注法是从西方引进的一种成形方法，是将原料装入特制的布袋（裱花袋）中，通过挤压，使原料均匀地从袋嘴流出，直接注入半成品模具或挤入烤盘中的一种成形方法，如制作泡芙、蛋黄饼干、曲奇饼干等。根据不同的造型，可以更

换裱花嘴，通过挤、拉、带、收等手法，形成各种不同形状的成品或半成品。挤注时要求双手悬肘挤注，用力得当、挤收自如、出料均匀、规格一致、形态美观。

拧是使坯剂或剂条形成绳的形态的成形手法。常和搓、切等手法结合使用。拧的具体要求：双手用力均匀，扭转程度适当，剂条粗细一致，形象美观，形状整齐，如拧麻花。

　　剪是利用剪刀在面坯表面修饰的一种成形工艺手法，常配合包、捏等手法使用。剪的具体要求：下刀深浅适当、手法灵活、形象逼真，符合成品的形态要求。

　　夹是借助于竹筷等工具将制品生坯夹捏出一定形状的成形方法。

 想一想

　　元宵、麻花、生日蛋糕、曲奇饼干各是采用什么方法成形的？

 做一做

　　将 300 克面粉调制成水调面团，在 30 分钟内包制出 10 个提褶中包生坯，要求大小一致、纹路清晰，褶子不少于 20 个。

👨 **知识拓展**

制作面点常用工具

　　我国传统的面点工艺有着其独特的操作技法，通过对于面点的不同处理，往往能够制作出形态各异并且香甜美味的面点食品。对此，我国面点材料虽然较为单一，不过成形的面点作品却是风格多样。在进行面点的加工时，为了可以让相同的材料能够有不同的表现，在进行定形处理时，往往会采用不同的技法，有时候还可能会采用一些辅助工具。若是想在面点的造型方面有更多的变化，还得对这些工具有一个全面的认识与了解，通过巧妙地应用来制作出更加独特的面点作品。

　　以下是中式面点制作过程中常见的加工用具。

　　1. 印模

　　在进行一些饼类面点的制作时，印模是最常见的一种辅助工具。这种工具大多以木质结构为主，形状也十分多样，不过还是以圆形的印模居多。通常来讲，为了能够更好地辅助加工，印模被设计为单凹、多凹等各种不同的类别，在一些较为独特的印模中，还会有一些进行面点花纹处理的纹路。这种印模可以直接将坯料进行最终的定形处理，使用十分方便，适用于小型面点的制作。

2. 花戳子

花戳子也就是通常所说的套模，它是一种不锈钢制作而成的定形工具。与印模不同的是，这种工具形状更为多样化，不但有一些圆形、菱形等几何形状，根据加工的不同需求，还会有一些动物或是花鸟等形状的模具。这些工具能够很快地进行一些复杂造型的面点加工，实用性很强，通常都会应用到一些饼干等面点的制作中。

3. 花钳

花钳又叫做花剪、花夹，是一种用于面点后期加工的定形工具。这种工具由不锈钢制成，会根据需要对钳头做出细微的调整，以便能够在成形的面点上进行雕琢，从而钳出一些生动形象的图案。花钳在加工的时候由于可能会对已经成形的面点有损害，所以使用时需要多加小心，一定要掌握好使用的技巧，属于较为精细的工具。

4. 花车

花车与花钳相同，也是一种用于面点后期加工的工具。不同的是，花车是一种利用滚轮进行面点平面雕刻的工具，使用起来更加方便。对于中式面点而言，在实际的加工过程中，花车的应用情况并不是很多，大多数时候都只是会用在一些花式面点的制作中。

对于中式面点的加工工艺来说，一方面，需要不断地熟悉加工的流程，扎实地掌握面点制作的技巧；另一方面，适当地利用一些工具进行造型加工，一样可以给面点制作带来很大的帮助。

 知识检测

一、选择题

1. 汤圆的成形方法是（　　）。

A. 捏　　　　　　　　　　　　B. 按

C. 搓　　　　　　　　　　　　D. 滚沾

2. 粉量较少的情况下适合采用（　　）和面。

A. 抄拌法　　　　　　　　　　B. 调和法

C. 搅拌法　　　　　　　　　　D. 机械法

3. 比较稀软的面团下剂应采用（　　）手法。

A. 切剂　　　　　　　　　　　B. 揪剂

C. 挖剂　　　　　　　　　　　D. 拉剂

4. 米粉面团和汤团的制作上经常采用（　　）方法制皮。

A. 擀皮　　　　　　　　　　　B. 按皮

C. 捏皮　　　　　　　　　　　D. 拍皮

5. 以下哪个选项不属于和面的手法（　　）。

A. 抄拌法　　　　　　　　　　B. 叠制法

C. 调和法　　　　　　　　　　D. 搅拌法

6. 拧要求双手用力均匀，（　　），剂条粗细一致，形象美观，形状整齐。

A. 尽量拧紧　　　　　　　　　　B. 不要拧紧

C. 扭转程度适当　　　　　　　　D. 有松有紧

7. 将馅装入裱花袋中，再挤注在坯料表面或内部的上馅方法叫做（　　）。

A. 填入法　　　　　　　　　　　B. 装入法

C. 注入法　　　　　　　　　　　D. 滚粘法

8. 捏的方法灵活多变，大致有（　　）等。

A. 推捏、捻捏、搓捏、拉捏　　　B. 推捏、捻捏、对捏、挤捏

C. 推捏、按捏、搓捏、挤捏　　　D. 推捏、捻捏、搓捏、挤捏

9. 滚粘要求：操作时（　　），坯剂滚动的力要均匀。

A. 动作要协调　　　　　　　　　B. 动作要大

C. 要尽量用力　　　　　　　　　D. 要尽量省力

10. 翡翠烧卖上馅方法是（　　）。

A. 包馅法　　　　　　　　　　　B. 笼馅法

C. 夹馅法　　　　　　　　　　　D. 卷馅法

二、判断题

1. 擀皮的方法是根据所用的工具定的。（　　）

2. 叠在操作时，要反复多叠。（　　）

3. 搓条时要尽量多加饽粉，否则不易操作。（　　）

4. 广式月饼是采用套模成形的。（　　）

5. 元宵是采用包入法上馅的。（　　）

6. 和面时无论掺水量多少，都应一次加足。（　　）

7. 推是指将较稀软或糊状的面坯，放入经加热的铁锅内，经旋转使坯料形成圆形成品或半成品的方法。（　　）

8. 按的成形方法，对成品的基本要求是厚薄一致、大小均匀、无漏馅。（　　）

9. 擦制法主要用于调制干油酥面团。（　　）

10. 挤注成形方法是西式面点制作中常用的方法，常用于拉花饼干、蛋糕裱花。（　　）

项目五　制馅技艺

任务一　初步了解馅心

 任务目标

技能目标

➢ 能够对制作馅心的常用原料进行品质鉴别
➢ 掌握常见馅心的加工处理方法

知识目标

➢ 熟悉馅心制作的操作要领
➢ 掌握馅心的分类

 任务学习

馅心，就是用各种不同的制馅原料，经过精细加工制成的形式多样、味美适口并包入面点内部的心子。馅心可以确定面点的口味，美化面点的形态，形成面点的特色，使面点花色品种多样化，决定面点的档次。

一、馅心的分类

（1）按馅心口味主要分为咸馅、甜馅。
（2）按馅心原料一般分为荤馅、素馅、荤素馅三类。
（3）按馅心制法分为生馅、熟馅两大类。生馅是将各种生的原料经过加工切配，用调味品拌和调制而成，习惯称为拌馅；熟馅是将原料经过加热成熟调制而成的馅心，加热方法很多，如炒、爆、煨、焖、水焯、蒸、煮等。

二、馅心制作的操作要领

（1）馅心的口味应按品种不同要求而定。

（2）选料严格，合理加工。

（3）馅心各种原料比例要恰当。

（4）正确掌握馅心的含水量及黏性。

（5）根据面点的造型特点选择合适的馅心。

 想一想

分别举出三种吃过的面点甜馅制品和咸馅制品，并上网收集它们的制馅过程。

 做一做

市场调研：请详细阐述从哪些方面鉴别五花肉、前腿肉、后腿肉、猪里脊的品质。说明调研的时间、地点。

任务二 咸馅制作工艺

任务目标

技能目标

➤ 能够熟练掌握原料配比、制作过程及操作要领

知识目标

➤ 熟练掌握咸味馅心的分类

任务学习

一、生咸馅制作工艺

生咸馅是指将不经熟制的制馅原料调味拌和而成的一类咸味馅心。用料以畜类、禽类、水产品类等动物性原料以及蔬菜为主，加入配料及调料拌和而成。

1. 生肉馅制作的一般要求

（1）选料要合理。要充分考虑不同原料的不同性质，以及同一种原料不同部位的不同特点，考虑多种馅料的性质，合理搭配原料。生肉馅原料主要是动物性原料，如猪、牛、羊、鸡、鸭、鱼、虾、蟹等。原料以质嫩为好。如猪肉，最好选前腿上段的"前夹心肉"，因前夹心肉肥瘦比例适当，绞成肉泥吃水量较高，制成馅才能达到鲜嫩、多汁的要求；如用牛肉，选牛的腰窝肉或前夹肉；如用羊肉，要选用腰板肉或肋条肉。

（2）加工处理要恰当。对原料中带有不良气味的，如苦味、腥味等，都要经过加工处理后才能制馅。如牛羊肉要用花椒水解膻，或配以香味浓郁的辅料增香。动物性

原料肉质老嫩不一，肉质老、纤维粗的牛肉，可适当加入小苏打腌制，使其肉质变嫩。

（3）加水要适宜、掺冻要合理。掌握好生肉馅的水分含量，是保证馅心质量好坏的关键。加水又称吃水、打水，是使生肉馅鲜嫩的一种方法。因为动物性原料黏性大，油脂重，加水可以降低黏性，使生肉馅松嫩多汁。加水时应注意以下几点：第一，加水量应根据品种而定，水少则黏，水多则澥。如前夹心肉肉泥每500克一般吃水量为250克左右，五花肉每500克吃水100～125克。第二，水要分次加入，防止肉茸一次吃水不透而出现肉、水分离的现象。

掺冻是南方面点常用的增加含水量的方法。苏式面点中著名的淮扬汤包，全部采用特制冻做馅心，馅料中掺入皮冻可使馅料稠厚，便于包捏；熟制过程中皮冻溶解，可使馅心卤汁增多，味道鲜美。有的馅心是在加水的基础上"掺冻"，如小笼肉包、汤包、饺子等的肉馅，都掺有一定数量的皮冻。掺冻量应根据冻的种类及具体品种的坯皮性质而定。一般情况下，每1000克馅料加500克左右皮冻。如水调面团制品及嫩酵面团制品，馅心掺冻量可以多一些。而大酵面团馅心掺冻量则应少一些。否则，卤汁为坯皮所吸收后，容易穿底漏馅。

（4）调味要鲜美。调味是保证馅心质量的重要手段。各地由于口味和习惯的不同，在调味品的选配和用量上存有差异，南方喜甜，北方偏咸。因此，要根据顾客要求、季节、地域的具体情况而定。调味时应注意：第一，加入调味料的先后顺序要得当。一般是先加盐、酱油（有的还加味精）于馅料中，经过搅拌确定基本咸味，也使馅料充分入味，再逐次加水搅拌，然后可按品种要求掺入冻（应在加水后进行），最后再放味精、芝麻油、葱等。第二，有些调味品要根据地方特色和风味特点投放，不能乱用；对于鲜味足的原料，应突出本味，不宜使用多种调料，以免影响风味；对于有不良气味的原料，除在加工处理中应先清除不良气味外，还可选用适当的调味料来改善、增强其鲜香味；调制馅心时不宜过咸，应以鲜香为宜。第三，天气热时要现拌现用，以免影响质量。

2. 制作实例

技能训练1：猪肉馅

（一）原料准备

鲜猪肉500克，精盐5克，白糖20克，葱20克，姜10克，芝麻油50克，老抽10克，生抽20克，味精5克，骨头汤或水500克。

（二）工艺流程

猪肉→制肉茸＋姜、盐、老抽、生抽、白糖腌制＋骨头汤搅打→调味→（掺冻）→成馅

（三）制作方法

（1）将鲜猪肉洗净制成茸状，倒入盆内，加姜末、盐、老抽、生抽、白糖搅拌，腌

制 10 分钟。

（2）加入骨头汤（水）搅打上劲后放入葱末、芝麻油、味精，拌匀即成。

（四）操作要领

（1）猪肉的肥瘦比例为 3 : 7 或 4 : 6 为宜。

（2）肉茸的吃水量应灵活掌握。分次打水，肉馅以打上劲不吐水为准。

（3）鲜肉馅要求外观色泽浅，在调味时酱油的用量不宜多。

（4）肉馅可以掺冻，掺冻的比例根据制品的要求而定。

（五）质量要求

肉质滑嫩，色泽鲜明，鲜美有汁，软硬度符合要求。

技能训练 2：羊肉馅

（一）原料准备

鲜羊肉 500 克，大葱 200 克，香油 50 克，酱油 75 克，花椒水 300 克，姜末、精盐、花椒面、味精各适量。

（二）工艺流程

羊肉→制茸 + 姜、盐、酱油腌制 + 花椒水搅打→调味→成馅

（三）制作方法

（1）鲜羊肉绞成茸，葱切葱花。

（2）羊肉茸放入盆中，加姜、盐、酱油拌匀，腌制10分钟。

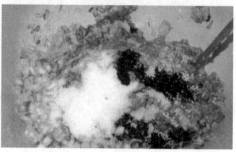

（3）用花椒水搅打肉茸，边加边搅动，搅成稠糊状，再加入味精、葱花、香油拌匀，最后加入胡萝卜末拌匀即成为馅心。

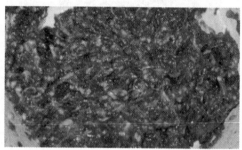

（四）操作要领

（1）要选用羊的腰板肉或颈肉。该部分肉质嫩、肥瘦均匀。

（2）可加萝卜等去除羊肉膻味。

（五）质量要求

肉质滑嫩，鲜美有汁，无羊肉膻味，软硬度符合要求。

二、生菜馅制作工艺

生菜馅是以新鲜蔬菜为原料，经过择洗、刀工处理、腌、渍、调味、拌制等精细加工而成。如韭菜馅、白菜馅、萝卜丝馅等。特点是能较多地保持原料固有的香味与营养成分，口味鲜嫩、爽口、清香，适用于水饺、包子等。

1. 生菜馅制作的一般要求

（1）选料：选择新鲜、质嫩的蔬菜，去除黄叶、老叶、皮、根等不宜食用的部分，清洗干净。

（2）焯水：大部分新鲜蔬菜都必须焯水。焯水有三个作用：第一，使蔬菜变软，便于刀工处理；第二，去异味，如菠菜、芹菜等，通过焯水可以消除异味；第三，有效地防止部分蔬菜的褐变，如莲藕、芋头等，通过焯水可使酶失去活性，防止褐变。

（3）刀工处理：一般采用切、剁、擦等方法，根据馅心要求将原料加工成丁、丝、粒、末等各种形状。

（4）减少水分：新鲜蔬菜含水分多，若直接利用，大量水分溢出从而影响成品包捏成形，所以必须去掉一部分水分。其常用方法有：加热法、挤压法、干料吸水法、加盐腌制法。加热法是利用焯水、煮或蒸，使蔬菜失水；挤压法是指用洁净的纱布包住馅料用力挤压，去除水分；干料吸水法是利用干粉丝、干粉条等吸收水分；加盐腌制法是利用盐的渗透作用，促使蔬菜中水分溢出。

（5）调味：依次加入不同性质的调味品。如挥发性的调味品麻油与鲜味剂味精、鸡精等宜最后投入，可避免或减少鲜、香味的流失或挥发损失。

（6）拌和：拌和馅料时，要考虑到增加菜馅的黏性，加入具有黏性的调味品和一些黏性辅料，如鸡蛋、油脂、甜面酱、黄豆酱等。拌和时可以用少量的熟油拌一下蔬菜，锁住蔬菜表面水分，以防馅料"塌架"出水，宜快而均匀，要随拌随用。

2. 制作实例

技能训练 3：白菜香菇馅

（一）原料准备

大白菜 1000 克，水发香菇 150 克，豆腐干 100 克，鸡蛋 4 个，葱末 50 克，精盐 1克，胡椒粉 5 克，白糖 15 克，味精 15 克，香油 50 克，精炼油 150 克。

（二）工艺流程

白菜洗净切碎→盐腌挤水分→水发香菇、油炸豆腐干切粒→鸡蛋液搅匀加盐→锅烧热油→煎鸡蛋液→晾凉切碎→加大白菜、水发香菇粒、豆腐干粒→加葱末、盐、胡椒粉、白糖、味精、香油拌匀成馅油

（三）制作方法

（1）大白菜洗净，切为细末，用精盐腌渍后，挤干水分；水发香菇、豆腐干切细粒；鸡蛋磕入碗中，加精盐搅匀成蛋液。

（2）炒锅置火上，放入精炼油烧热，倒入鸡蛋液摊匀煎熟，起锅晾凉后剁碎，加入

大白菜、水发香菇粒、豆腐干粒和匀，再加入葱末、精盐、胡椒粉、白糖、味精、香油等拌匀即成。

（四）操作要领

（1）大白菜一定要先腌渍，再挤干水分后，才能用于做馅；如不用大白菜可用萝卜、韭菜、芹菜等；如不用豆腐干可用豆腐皮、水发腐竹等。

（2）鸡蛋也可以不炒熟，即直接将蛋液拌入馅料中。此外，馅料中还可以加入粉丝等。

（五）质量要求

咸鲜爽口，香味浓郁。

三、生菜肉馅制作工艺

生菜肉馅是指以鲜肉馅为基础，加蔬菜原料拌制而成的生咸馅。此类馅心荤素搭配，营养合理，口味协调，使用较为广泛。适用于包子、饺子等。

1. 生菜肉馅制作的一般要求

蔬菜要按时令季节选配，以鲜嫩者为佳；肉馅中掺的蔬菜种类较多，要注意吃水量和口味。如白菜水分较大，加水要少些；韭菜水分少，加水要多些。肉馅和蔬菜的初加工与生肉馅和生菜馅相同。

2. 制作实例

技能训练4：菜肉馅

（一）原料准备

猪肉泥500克，蔬菜500克，酱油20克，葱姜末各20克，精盐15克，味精5克，白糖20克，香油25毫升。

（二）工艺流程

猪肉洗净→斩成茸→加入调味料拌和→拌和均匀

蔬菜初加工→斩成末→挤干水分

（三）制作方法

（1）猪肉洗净后，斩成茸状（或绞肉机绞成肉茸）；加入葱姜末、精盐、味精、白糖、香油和水搅打上劲。

（2）蔬菜择洗干净，切碎斩成细末，挤干水分。

（3）蔬菜与肉泥一起拌和均匀，调好口味，成馅。

（四）操作要领

（1）肉馅的掺水量要根据蔬菜的种类而定。

（2）蔬菜加入肉泥中拌匀即可，不可多拌，要现拌现用。

（五）质量要求

鲜美而不腻。

技能训练5：笋肉馅

（一）原料准备

鲜猪肉400克，水发香菇40克，水发笋子200克，精盐10克，味精5克，酱油5克，胡椒粉5克，麻油10克，清水200克。

（二）工艺流程

鲜猪肉→洗净→绞成泥状→姜、盐、酱油腌制＋骨头汤（水）搅打＋配料拌和→调味→成馅

（三）制作方法

（1）将鲜猪肉洗净制成泥状，倒入盆内，加姜末、盐、酱油搅拌，腌制10分钟。

（2）笋子焯水，剁成细粒。锅烧热，倒入笋粒炒干水分，加油煸炒至香，再加入骨头汤焖煮，待汤汁将干时，调味出锅，晾凉。

（3）鲜猪肉泥加骨头汤（水）搅打上劲后放入熟笋粒、芝麻油、味精，拌匀即成。

（四）操作要领

（1）笋子一定要焯水，去除涩味；炒制笋粒时，要炒干水分方能加油煸炒，否则笋子不香、不脆。

（2）掌握肉泥的加水量。水量不宜过多，否则不利于成形，因此馅用于大酵面制品。

（五）质量要求

鲜、嫩、香、松、脆、爽，略带卤汁。

猪肉馅

猪肉馅是最基本、使用最多的生肉馅，但要调制得可口、鲜嫩、别有风味，应掌握以下几个环节：

（1）选料。猪肉馅应选用"前夹心肉"为原料。前夹心肉的特点是肉质细嫩，筋短且少，有肥有瘦、肥瘦相间，调制时吃水多，涨发性强，有肥厚之感。瘦肉与肥肉的比例一般为6∶4或5∶5，肥肉太多会使馅心产生油腻感，瘦肉太多馅心会显得较老。

（2）加工方法。以剁成茸为宜，肉要剁得细，不能连刀或有未剁碎的小块。有些厨师为使肉质肥美，在肉皮上剁肉，这样既可避免砧板上的木屑粘在肉茸上，也可增加肥肉的比例。目前大多使用机器粉碎猪肉，加工速度比手工操作快很多倍。

（3）灵活使用调料。拌制好肉馅后如不马上使用，可在馅中放少许绍酒，因酒遇热容易使肉产生酸味，可用葱、姜、胡椒粉等去腥起香。使用调料南北方各异，南方地区可适当增加一些糖，北方地区则少放一些糖。

（4）正确掌握吃水量。吃水亦称加水，是使肉馅鲜嫩含卤的好方法。剁成或绞成的馅，肉质黏而老重。为使肉质松嫩多汁必须适当加一些水，但必须掌握吃水量。水太少则肉馅不嫩，水太多肉馅会出水，不易成形。吃水量一般根据肉的肥瘦及肉的质量而定。水和调料投放要有先后顺序，一般先放盐、酱油，后放葱姜汁，否则调料不能渗透入味，而且水分也吸不进去。加水时可采用多次加入法，否则由于一次"吃"不进这么多水，会出现瘦肉、肥肉和水分离的现象。加水后要顺着一个方向搅拌，搅动要用力，边搅边加水，搅到吃水充足、肉质起黏性为止，这就是一般所称的肉馅上劲。肉馅只有上劲了水才不会被"吐"出来。

检验肉馅是否上劲，可将一小勺肉馅放入冷水里，如肉浮起来则说明已上劲，反之就没有。肉馅和好后，放入冰箱静置一两个小时即可使用。加水拌馅是北方常用的方法，如著名的天津狗不理包子的肉馅就是加水搅拌的。

（5）掺冻和制作皮冻的方法。为了增加馅心的卤汁，在包馅时仍保持其稠厚状态，可以在搅拌肉馅时适当掺入一些皮冻，如小笼包子、汤包等的馅心，都掺有一定数量的皮冻。掺冻量的多少，应根据制品皮坯的性质与品种的要求而定，组织紧密的皮坯，如水调面或微酵面制品掺冻量可以多些，汤包的掺冻量最高，每500克肉馅掺皮冻300克左右；而用发酵面团制皮坯时，掺冻量则应少一些，每500克掺冻200克。否则汤汁太多，被皮坯吸收后，易发生穿底、漏馅等现象。

皮冻亦叫"皮汤"，简称"冻"。常用的皮冻有两种：一种用鸡肉、猪肉、鸡爪、猪爪、猪蹄等较高档的富含胶原蛋白质的原料制成，具体制作方法是：将原料与水以1∶3的比例配好，烧煮、焖烂后端锅离火将原料捞出，待汤冷却凝结成冻时将其切碎投入肉馅拌匀即可。这种冻也可以直接用来做馅，如扬州汤包的馅心就是用这种冻做馅心的，其特点是汤汁鲜美、味道醇厚，但成本较高。另一种皮冻则是用肉皮熬制而成的，具体制作方法是：将肉皮洗净，除掉猪毛，整理洗涤干净后，放入锅中，加水将肉皮浸没，在明火上煮至手指能捏碎肉皮时捞出，然后将肉皮用绞肉机搅拌或用刀剁成粒末状，再放入原汤锅内加葱段、绍酒、姜块，用小火慢慢熬煮，并不断舀去浮起的油污直到呈黏糊状后盛出，装入洁净的容器内冷却（最好过滤一下）凝结成皮冻。皮冻的加水量一般为 1：2～1：3，即 500 克肉皮可加水 1000～1500 克，应按气候变化增减，夏天水少放一些，以免制成的硬冻遇热融化；冬天可多放一些水，制成软冻。使用时，需将皮冻再绞碎或剁碎掺入肉中。

任务三　甜馅制作

 任务目标

技能目标

➢ 能够熟练掌握红豆沙馅、五仁馅、奶黄馅的原料配比、制作过程及操作要领

知识目标

➢ 熟练掌握甜味馅心的分类

 任务学习

一、甜馅的分类

甜馅是以糖为基本原料，配以各种豆类、果仁、鲜果、干果、蜜饯、油脂、奶类等原料，经调制而成的一类风味别致的馅心。

甜馅按照加工工艺可分为生甜馅和熟甜馅两大类。甜馅料按照成形形态一般有泥茸和碎粒两种，泥茸是将原料经过蒸煮焖烂成泥或焯水后再搓擦或磨碾成泥。碎粒是将原料经浸泡、油炸、炒制后再将原料剁碎。

二、甜馅制作实例

技能训练 1：奶黄馅

（一）原料准备

黄油 600 克，白糖 750 克，吉士粉 75 克，淀粉 200 克，鸡蛋 15 个，三花淡奶 500

克，椰浆 100 克。

（二）工艺流程

黄油、白糖搅打均匀→鸡蛋分次搅打均匀→吉士粉、淀粉过筛→加三花淡奶、椰浆成糊→加打好的黄油拌匀→蒸面糊 1 小时（每 15 分钟搅拌一次）→搅匀→包保鲜膜冷藏 1 小时即可

（三）制作方法

（1）黄油、白糖用搅拌机搅打均匀。

（2）将鸡蛋分次加入，搅打均匀。

（3）将吉士粉、淀粉混合后过筛，与三花淡奶、椰浆拌匀成糊，再加入到打好的黄油中搅拌均匀。

（4）将拌好的面糊放入蒸箱中蒸制 1 小时左右，每 15 分钟取出一次，用搅拌机搅匀再继续蒸制。

（5）蒸好后用搅拌机搅匀，包上保鲜膜放入冰箱中冷藏 1 小时即成。

（四）操作要领

（1）如无淀粉可以用低筋粉代替，但口感会有一定影响。

（2）千万记住要每 15 分钟左右搅拌一次，否则易结块，影响奶黄馅口感。

（3）盛装馅心的容器一定要干净，否则馅心易变质。

（五）质量要求

色黄鲜亮、甜香软滑，奶香浓郁。

技能训练 2：红豆沙馅

（一）原料准备

赤小豆 1000 克，红糖 1200 克，熟猪油 300 克。

（二）工艺流程

赤小豆洗净→水完全浸泡→旺火煮沸小火焖制至酥烂→捞出晾凉→筛内搓擦去皮→炒锅烧热炒糖、油→加豆沙炒制→水分基本炒干，呈黏稠状

（三）制作方法

（1）赤小豆洗净去杂质，入锅加水浸没，用旺火煮沸后小火焖制。

（2）待赤小豆煮制酥烂后，取出晾凉，放入筛内搓擦去皮，再用干布挤干水分。

（3）炒锅上火烧热，油、红糖炒化，再加入豆沙炒制，待豆沙中水分基本炒干，呈黏稠状时即可。

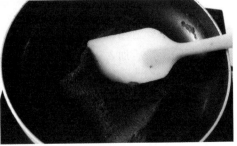

（四）操作要领

（1）煮豆子的水要一次加足，水烧沸后用小火焖煮，焖至酥烂。

（2）检验豆沙是否炒好，可用手指摸一下，如不粘手，且能够搅成团即可。

（3）炒制豆沙时一定要用小火，以防焦糊。

（五）质量要求

色泽棕褐光亮，质地细腻，软硬适宜。

技能训练3：五仁馅

（一）原料准备

核桃仁200克，瓜子仁100克，甜杏仁50克，松子仁150克，芝麻仁150克，白糖500克，橘饼100克，冬瓜糖50克，板油丁200克，花生油500克，熟糕粉500克，水分400克。

（二）工艺流程

核桃仁、瓜子仁、甜杏仁、松子仁、芝麻仁入烤箱→烤出香味→走槌擀成小粒→五仁料加果脯料、白糖、花生油、水拌匀→加熟糕粉即成

（三）制作方法

（1）核桃仁、瓜子仁、甜杏仁、松子仁、芝麻仁入烤箱烤制成熟出香味，再用刀切成小粒；芝麻仁入锅炒出香味，用擀面杖碾碎备用。

（2）五仁料与果脯丁、白糖、花生油、水一起混合，最后加熟糕粉拌匀成团即成。

（四）操作要领

（1）果仁要新鲜，否则影响成品口感。

（2）馅心加水要适当，不可过软，否则影响制品成形。

（3）熟糕粉要最后加入，并要放置30分钟后才可使用。

（五）质量要求

香味浓郁，松爽香甜。

💬 想一想

在制作豆沙馅时，怎样检验豆沙馅已经炒好？

做一做

　　尝试制作五仁馅。

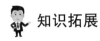 知识拓展

皮冻

　　皮冻的制作方法：皮冻大体分为硬冻和软冻两类。两种冻制法相同，只是所加汤水量不同。硬冻放原汤少，每1000克肉皮加汤水1000~1500克，比较容易凝结，多在夏天使用；软冻放原汤多，每1000克肉皮加汤水2000~2500克。把煮烂的肉皮从锅中取出后用纯汤汁制成的冻称水晶冻。

　　制冻有选料和熬制两道工序。

　　选料：制皮冻的用料，常选择猪肉皮（最好选用猪背部的肉皮），因肉皮中含有一种胶原物质，加热熬制时变成明胶，其特性为加热时熔化，冷却就能凝结成冻。在制皮冻时，如只用清水（一般为骨汤）熬制，则为一般皮冻。讲究的皮冻还要选用火腿、母鸡或干贝等鲜料，制成鲜汤，再熬制皮冻，使皮冻味道鲜美，适用于小笼包、汤包等精细点心。

　　熬制：将肉皮洗净、去毛，用沸水略煮一下，取出投入凉水中冲洗、去异味；放入锅中，加水或骨汤将肉皮浸没，用旺火煮至手指能捏碎时捞出肉皮，用刀剁成粒状或用绞肉机绞碎，再放入原汤锅内，加葱、姜、黄酒，用小火慢慢熬，边熬边撇去油污及浮沫，直熬至肉皮完全粥化呈糊状时盛出，冷却后即成。

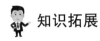 知识检测

一、选择题

1. 猪肉馅大多使用（　　），即猪身前蹄上段部分的肉，亦称猪前头肉。

A. 夹心肉　　　　　　　B. 元宝肉

C. 五花肉　　　　　　　D. 槽头肉

2. 水打馅在一般情况下每500克肉馅加（　　）水。

A. 200克　　　　　　　B. 250克

C. 300克　　　　　　　D. 350克

3. 制作奶黄馅时，蒸制时应（　　）。

A. 先用旺火再用文火　　B. 用旺火

C. 先用文火后用旺火　　D. 火力不宜过旺

4. 制作豆沙馅时，煮豆必须凉水下锅，用（　　）烧沸后，用（　　）来焖煮，这样不易烧僵，还能达到酥烂的效果。

A. 旺火、小火　　　　　B. 小火、旺火

C. 旺火、旺火　　　　　D. 小火、小火

5. 调制虾仁馅，虾仁一般选用新鲜、色青白、肉质（　　）、有弹性的鲜虾较好。

A. 坚实　　　　　　　　B. 坚硬

C. 细腻　　　　　　　　D. 疏松

6. 制作牛肉馅应选用牛的脖肉、短脑、肋条部位，因为这些部位具有肉质老嫩适宜、丝细而短、（　　）、吃水量多的特点。

A. 筋少　　　　　　B. 筋多　　　　　　C. 无筋

7. 甜馅按口味分为（　　）。

A. 咸馅　　　　　　　　B. 甜馅

C. 咸甜馅　　　　　　　D. 复合馅

8. 请选择一组熟咸馅（　　）。

A. 三鲜馅，百花馅，鱼胶馅

B. 咖喱馅，叉烧馅，冬菜馅

C. 肉丝春卷馅，三鲜馅，菜肉馅

D. 汤包馅，鲜肉馅，咖喱馅

9. 馅心在面点工艺中具有体现面点（　　），影响面点形态，形成面点特色和使面点花色品种多样化的特点。

A. 口味　　　　　　　　B. 外观

C. 色泽　　　　　　　　D. 质感

10. 广式点心的馅心选料讲究，讲究保持原味，馅心多样，味道（　　）。

A. 汁多味浓　　　　　　B. 略带甜头

C. 清淡鲜滑　　　　　　D. 鲜咸而香

二、判断题

1. 在拌馅时，由于调味品不易渗透进去，因此要将整块原料切碎。（　　）

2. 生馅是指原料经刀工处理后，还需要进行烹炒、调味的工序。（　　）

3. 馅心调制是否得当，与质品成熟后其形态能否保持不走样有着很大的关系。（　　）

4. 豆沙包的制作要点：醒发适度，投碱量要准确，包制时要皮厚馅小。（　　）

5. 制作奶黄馅时，把鸡蛋在桶内打匀，加入鲜奶、白糖，待融化后加入面粉。（　　）

6. 泥茸馅是以植物果实或种子等为主要原料，加工成茸泥，再用油、糖炒或抖制而成的一种甜味馅。（　　）

7. 制作豆沙包的原料有：面粉 500 克、面肥 200 克、食用碱 5 克、清水 250 克、豆沙馅 75 克。（　　）

8. 肉馅是以荤料为主，用力搅拌而成，有的适当掺点配料。（　　）

9. 一般情况下水打馅 500 克肉，吃水量为 250 克左右。（　　）

10. 素馅特点：脆、嫩、松散、清淡不腻。（　　）

项目六　面团调制技艺

任务一　了解面团

 任务目标

技能目标

➤ 能够根据面团的特性，区分常见面点品种

知识目标

➤ 了解面团的定义及作用
➤ 了解面团的分类

 任务学习

一、面团的定义

面团是指粮食类的粉料与水、油、蛋、糖及其他辅料混合，经调制使粉粒相互黏结而形成的一个整体。面团的形成过程一般称为面团调制。

二、面团调制的作用

面团调制是面点制作的第一道工序。它是面点制作的入门技术，对成品的制作和特色的体现具有直接的关系和相当重要的作用。

（一）为成形工艺提供合适的面团

粮食粉料和辅料之所以能够相互黏结成团，是因为粉料中含有淀粉、蛋白质等成分，具有同辅料（水、油、蛋等）结合在一起的条件，而调制方法也起了重要的作用。只有在掺和后，经过适当的方法调制，才能形成面团。如面粉和油脂调和时一定要搓擦，增大了油脂润滑面积，增强了油脂的黏性，才能使粉粒黏结形成团块。同时，对相同的粉料和辅料，采用不同的方法调制，可形成不同性质的面团。例如，用蛋和面粉调制成面团，既

· 65 ·

可以调制出膨松的蛋糕面团，又可以调制出不膨松的蛋面的面团。只有根据成品的要求采用适当的原料和相应的调制方法，才能得到成形工艺所需的各类面团。

（二）确定面点品种的基本口味

面点品种的口味，来源于三个方面：一是原料本身的味道，即本味；二是外来添加的味道，即调味；三是成熟转化的味道，即风味。风味是本味和调味的综合体现。

面团在加工制作时，加入了各种辅料，形成面点品种的基本口味。如糖年糕、蛋糕等品种，口味都是在调制面团时就确定的。

（三）形成成品的质感特色

成品的特色，主要包括口味特色、形态特色和质感特色三个方面。质感特色的形成是面团调制的主要目的之一，也是形成品种风味的关键。在面团调制的工艺操作过程中，可以实现成品的松、软、糯、滑、膨松、酥脆、分层等各种不同的质感，如蛋糕的松软、膨大，汤圆的软糯，水饺的润滑，酥饼的香酥、松脆等。

（四）提高成品的营养价值

食物原料中所含的人体需要的营养成分是不太全面的，要实现营养均衡，根据营养学的观点，提高食物营养价值的有效方法是进行合理的原料组合，以达到各种营养素的互补。在面团调制中，将不同的原料，根据品种生产的要求，合理地进行组合，是面团调制的主要工艺内容。因此，在调制面团过程中，进一步探索原料的合理组合，对寻求提高食品的营养价值具有深远的意义。

（五）通过面团的调制丰富面点的品种

由于运用的原料不同，调制的方法不同，所以形成的面团的性质也不一样，这样就极大丰富了面点的品种。

三、面团的分类

（1）按照面团属性及调制工艺不同，一般分为水调面团、膨松面团、油酥面团、米粉面团和其他面团五大类。

（2）按照选料不同，一般分为麦类、米类、淀粉类、其他类。

（3）按照形式不同，一般分为单一型和复合型。

想一想

（1）面团的定义是什么？

（2）面团的分类有哪些？具体说明。

任务二　水调面团

 任务目标

技能目标

➢能够熟练掌握冷水面团、温水面团、热水面团的调制方法，并能分别制作两种以上面点制品，要求动作熟练，达到制品的标准

知识目标

➢了解水调面团的性质、特点及分类

➢了解水调面团的形成原理

任务学习

一、水调面团的性质和特点

水调面团就是用面粉加水（有时加少许的盐、碱等）调制而成的面团。水调面团具有组织严密、质地坚实，有弹性、韧性、延伸性、可塑性的特点，口感爽滑、筋道。内无蜂窝状空洞，体积不膨胀，故又称"死面"。在北方的面食中，常见的面点品种有面条、刀削面、烩面、抻面、水饺、馄饨、春卷、蒸饺、锅贴、烧卖等。

根据水温的不同，水调面团可以分为冷水面团、温水面团、热水面团。

（一）冷水面团（水温在30℃以下）

冷水面团调制时，不会引起面粉中的淀粉糊化和蛋白质的热变性，因此面团无黏性而色白，而是利用蛋白质的亲水性，经过揉面，使面团形成致密的面筋网络。所以冷水面团具有质地硬实、延伸性好、韧性强的特点。适用于制作水饺、馄饨、春卷等面食品种。

（二）温水面团（水温在50℃左右）

温水面团是用50℃~60℃左右的水温调制，能使淀粉进入糊化阶段，但没有完全糊化；蛋白质开始热变性，但并没有完全变性。所以，温水面团具有色稍白、有黏性但不大，有一定的弹性和韧性，同时具有可塑性的特点，性质居于冷水面团和热水面团之间，制品便于包捏，不易走形，适用于制作各式花色蒸饺和鸡蛋灌饼、葱油饼等。

（三）热水（沸水、烫水）面团（水温在70℃以上）

因为用的水是70℃以上的热水，此时的水温使面粉中的淀粉完全糊化，形成黏度极高的溶胶；面粉中的蛋白质发生完全热变性、凝固，无法形成面筋网络。从而形成了热水面团黏、柔、糯、略带甜味（淀粉糊化时分解出单糖）和没有筋力、可塑性好的特点。成熟后，制品色泽较暗、有甜味、吃口黏、易于消化。适用于制作烫面烧卖、锅贴等。

二、水调面团的形成原理

水调面团的特性是原料与水结合作用形成，面粉中的淀粉和蛋白质都具有亲水性，这种亲水性随着水温的变化而变化，产生了不同性质的面团。在面团调制过程中，淀粉在常温下基本没有变化，吸水率低。水温在30℃时，淀粉只能结合水分30%左右，颗粒也不膨胀，大体上仍保持硬粒状态。在水温升至 53°C 时，淀粉的颗粒就逐渐膨胀；当水温在 65°C 以上时，淀粉开始糊化，体积比常温下涨大好几倍，吸水量增加，黏性增强，并有一部分溶于水中；在水温超过 67.5°C 时，则大量溶于水中，成为黏度很高的溶胶；至水温 90°C 以上，黏度越来越大，面团的可塑性越来越强。

蛋白质在常温条件下，不会发生热变性，吸水率高，如水温在 30°C 时，蛋白质能结合水分 150% 左右，经过揉搓，能逐步形成柔软而有弹性的胶体组织，俗称"面筋"。但水温升至 60°C ~70°C 及以上时，蛋白质就开始热变性，逐渐凝固，筋力下降，弹性和延伸性减退，吸水率降低，只有黏度稍有增加。随着温度继续升高，变性作用也越强，面团中的面筋受到破坏，面团的弹性、韧性、延展性和亲水性都逐渐减退，直至完全没有筋力。

三、水调面团的调制方法及操作要领

（一）冷水面团

冷水面团调制一般采用抄拌法调制。要经过下粉、掺水、拌和、揉搓、饧面等过程。在操作过程中要注意操作关键：

（1）水温要适当，掌握好掺水比例。水温要控制在 30°C 左右，冬天可适当高一些，夏季不仅用凉水，适当放些冰块或冰水，必要时还可以加少量的盐，增加面团劲力和弹性。掺水比例要恰当，分次加水。大多数品种面粉与水的比例为 2:1。面粉与水的比例，刀削面为 1:0.4~1:0.35，水饺为 1:0.45~1:0.4，抻拉面为 1:0.6~1:0.5，春卷皮为 1:0.8~1:0.7。因此，要根据气候条件、面粉质量和成品要求，正确掌握吃水量。

（2）反复揉搓。在和面时，抄拌成雪花状，倒揣，还要反复揉搓，直至光滑、不粘手。

（3）静置饧面。面团调制好要饧面，饧时盖一块干净的湿布，防止表面结皮。饧面的目的是：使面粉能充分吸收水分，进一步混合均匀，使面团柔软光滑。

（二）温水面团

温水面团的调制和冷水面团大体相似，但由于温水面团本身的特点，在调制中，要注意以下两点：

（1）水温要准确。以 50°C 左右为宜，不能过高或过低，否则将失去温水面团的特点。

（2）散发热气。因用温水调成，面团内有一定热气，这种热气对制作成品同样不利。所以，也要将热气散发一部分。

（三）热水面团

（1）热水要搅匀。水温为 70°C ~100°C 烫面，操作时要尽量使热水与粉料充分混合，烫面后不可有干粉，否则会影响面团和成品的质量。

拌和后均匀洒凉水，然后揉成团、块，这样制成的成品，吃起来糯而不粘牙。

（2）吃水要准确。调制热水面团时，热水量要准确，一次掺完、掺足，不能在成团后加入。

（3）散发面团中的热气。面团烫好后，必须进行散热处理，摊开或切开。否则热气留在面团内，不仅会粘手影响操作，还会使制品表面结皮，显得粗糙，甚至易引起开裂，

影响制品品质。

（4）静置饧面。饧面的作用与冷水面团一样，但静置时间可短些。

四、实训案例

（一）冷水面团实训制品

技能训练 1：手工面

（一）原料准备

面粉 500 克，冷水约 200 克。

（二）制作方法

（1）将 500 克面粉过筛后放在案板上，中间扒窝。加入冷水约 200 克，一手拿刮刀，一手由内向外逐步拌匀，调和成较硬面团，把面团揉匀、揉透。

（2）加盖湿布，静置饧面约 15 分钟待用。

（3）把饧好的面团揉光、揉匀，按压成饼状，用长擀面杖擀压面团，一边擀压，一边转动面片，保持薄厚均匀，形状圆整。待面片变大，把面片卷到擀面杖上，双手均匀用力推动擀面杖，进行擀制，边擀边转动面片，擀成又薄又大的圆薄片。

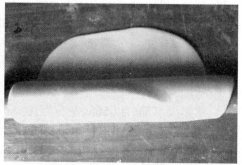

（4）将大薄面片撒上干粉，一反一正一层一层叠起来，叠成上窄下宽的梯状长条，用刀切成细条（面条的宽窄可根据个人喜好确定）。面条切好后，把面条抖开，整齐码放在案板上待用。

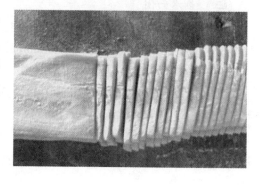

（三）成品特点

面条薄厚一致、宽窄均匀。

（四）注意事项

（1）注意加水量，面团要硬，不能软，否则既不便于擀制，也影响口感。

（2）擀面条时，双手用力要均匀，保持面片各部位薄厚一致，没有破洞。

（3）擀好面皮后堆叠前要撒馇粉，防止粘连。

（4）面条宽窄要一致。

（5）煮制时要开水下锅。

技能训练 2：水饺

水饺是用冷水面做坯皮，包以馅心，捏成木鱼形，采用水煮制成熟。其馅心种类很多，常见的有猪肉大葱馅、猪肉韭菜馅、猪肉白菜馅、三鲜馅、虾仁馅、鱼肉馅、素菜馅等。食用水饺时一般是蘸香醋就生蒜吃，有的蘸辣椒油，也有的在碗内盛入鲜汤同食，叫做鲜汤水饺。

（一）原料准备

面粉 1000 克，菜肉馅 1500 克。

（二）制作方法

（1）将面粉过筛后放在案板上，中间扒个坑，加入冷水 400 克左右，拌成雪花片，揉成软硬适宜的面团，静置饧面。

（2）将面团搓条下成 160 个剂子，擀成直径 5 厘米的圆形皮，加入 10 克馅心，对折捏成木鱼形饺子生坯。

（3）锅中加水烧开，放入生坯，用手勺略推动水旋转，见水沸腾时，点入冷水再煮，这样反复三次后，待饺子皮无白心、馅心结实即可起锅。

（三）成品特点

色泽洁白，形状完整，吃口爽滑，皮薄馅大，馅鲜适口。

（四）注意事项

（1）面团要揉光，揉匀，揉上劲。

（2）饺子皮要厚薄均匀，不要粘过多的干面粉。

（3）包制生坯时不可漏馅，煮制时防止裂口、破肚、漏馅。

（4）煮制过程中，要水足、火旺，煮出的饺子面皮才爽滑、劲道。

技能训练3：馄饨

馄饨，广东叫"云吞"，有的地方叫"抄手"，有的地方叫"小饺"。

馄饨的形状有多种，常规为皱皮形和三角形；成熟方法一般采用水煮，有的地方采用炸制，如广东的"生汁炸云吞"。馄饨的馅料、汤汁因各地的饮食习惯而不同，品种很多，如豆沙馄饨、红油馄饨、三鲜馄饨、鲜菇馄饨等。

（一）原料准备

面粉500克，清水175克，干淀粉适量，鲜肉馅600克。

（二）制作方法

（1）将面粉过筛后放在案板上，中间扒坑放入清水175克，和成软硬适宜的面团，用湿布盖好，饧20分钟。

（2）用通心槌将面团擀成约1厘米的厚皮，撒上干淀粉，然后用面杖将面卷起，适当地把面压薄。接着将卷起的面片抖开，撒上干淀粉，再次用面杖卷起压薄。经过反复的卷、压，最后把面皮擀薄擀匀，至0.2厘米左右即可。

（3）将面片叠折切成6~7厘米的皮，即成馄饨皮。

（4）左手持馄饨皮，右手将5克鲜肉馅放在馄饨皮前角端。随即将馅连同馅挑顺势向下卷，卷至一半时，退出馅挑，用馅挑头在馄饨皮的右角边涂一下，然后将右角与左角捏在一起，便成馄饨坯。

（5）锅内加水烧开，将馄饨生坯放入沸水中，边下馄饨边用手勺推水，使馄饨浮起。在锅的四周点一些水，盖上锅盖略煮。水再开时，即可捞出盛碗内，每碗一般放15只馄饨。

（6）把清汤烧开，放入盐、酱油、胡椒粉、紫菜、虾皮、味精、香油、香菜，然后盛入馄饨碗内。

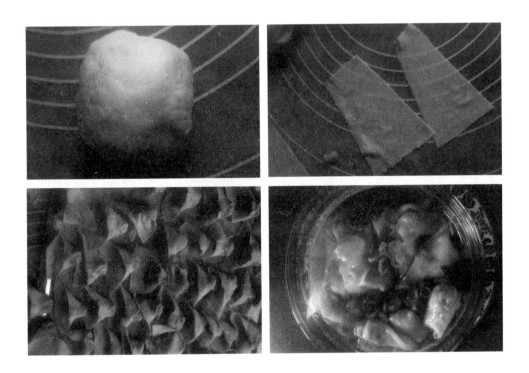

（三）成品特点

馄饨形状完整，质地滑爽，口味鲜醇。

（四）注意事项

（1）操作时注意卫生。

（2）面团软硬要适宜，皮坯厚薄要均匀一致。

（3）馅心适量，不可过多以防露馅。

（4）煮制时，点冷水时水不能浇在馄饨上。

技能训练4：抻面

（一）原料准备

面粉500克，盐5克，碱2~3克。

（二）制作方法

（1）面团调制。将面粉放在案板上，中间扒个坑，加入盐、碱和 2/3 的水和成面穗，再将剩余 1/3 的水加入，将面和成柔软、滋润的面块，反复捣揉至面团松软有韧性，静置 10 分钟饧面。

（2）溜条。取饧好的面团，在案板上甩成长条，双手分握长条的两端，抖动把面抻长，左右手交替使面搅在一起，直到面光滑、均匀，静止时自然向下垂落即可出条。

（3）出条。案板上均匀撒上干面粉，把溜好条的面放在案板上搓光、搓匀，用两手拿住两头，双臂自然向两侧抻开，随即将两头向怀中收拢，右手把剂头交到左手，呈等腰三角形，用右手中指勾住三角形底边中点，用力向外抻拉，如此反复抻拉，至竹帘粗细，随即下锅，煮熟捞出配酱卤或鲜汤同食。

（三）成品特点

柔软劲道，滑爽可口。也可以拉成龙须面，用油炸制，用于制作糖醋鲤鱼焙面，或制作一些面点造型。

（四）注意事项

（1）掌握好面团的软硬度及盐、碱的用量。

（2）面团甩条要均匀光滑，方可出条。

（3）出条时两手的用力要均匀。

技能训练 5：刀削面

关于刀削面，流传着这样一个故事。相传鞑靼人占领中原，建立元朝。统治者为了防止人民群众造反，就没收了民间所有的金属器皿，并做出相关规定：十户用一把厨刀，切菜做饭轮流使用。一天，有一农妇想吃面条，却没有刀，突然看见地上有一块薄铁皮，于是她站在锅台边，往开水锅里边"砍"面，面片落入锅里，煮熟浇上卤一吃，口感劲道、爽滑。就这样，"砍面"的办法一传十、十传百，一直传到了现在。

（一）原料准备

面粉 2500 克，炸酱 500 克，小油菜 500 克，冷水 800 克。

（二）制作方法

（1）面粉加入冷水，和成稍硬的冷水面团，盖上湿布饧 20 分钟。

（2）将小油菜洗净，放入沸水锅中焯熟后用冷水冰凉待用。

（3）将和好的面团揉成长 30 厘米、宽 8～12 厘米的圆柱状面块，放在抹了水的削面板上，压紧，用手把四角压牢。左手托住面板的下端，板的上端搭在左上臂或肩膀。右手执瓦形削面刀，由里向外削成长 20 厘米、宽 2 厘米略带弧形的条，使之一条条飞入沸水锅中（也可以削成 1 厘米宽的柳叶条）。

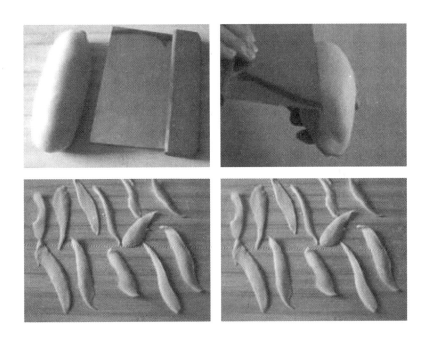

（4）面条煮熟后，捞入碗中，放上熟小油菜，浇上炸酱，撒少许香菜即可食用。

（三）成品特点

光滑筋道，滋味鲜美。

（四）注意事项

（1）面团要硬实，否则不利于成形。

（2）削面时，面刀要紧贴面团，削出的面要长短一致，厚薄均匀。

技能训练6：羊肉烩面

（一）原料准备

面粉 5000 克，羊肉 1250 克，香油 375克，粉丝 1500 克，木耳 50 克，黄花菜 125克，熟鹌鹑蛋 500 克，小茴香 80 克，香料各少许，酱油 250 克，辣椒油 150 克，熟羊油 100 克，盐 75 克，香菜 1000 克，碱面少许，味精 40 克，油 150 克，冷水 2500 克。

（二）制作方法

（1）将面粉置于案板上，中间扒个坑，用 2500 克冷水将盐和碱化开，倒入面粉中和成较硬的面团。将面团下成 150 克的剂子，搓成圆条，擀成长 25 厘米、宽 8 厘米的面片，顺长在面片中间压一凹槽。将制好的面片抹油后整齐地码在盘子内待用。

（2）将羊肉剔骨后放入汤锅，放入各种调料，待快沸时，撇去浮沫，用小火慢炖至肉熟烂。将羊肉捞出，切成 2 厘米的小方块。将粉丝放入沸水锅内煮一下，捞出用冷水冰凉。木耳、黄花菜洗净后用温水涨发，木耳切成小片待用。

（3）锅内加入肉汤、木耳、黄花菜、粉丝及调料，煮沸后，将面片拉长后，用手从中间凹槽处撕开，放入锅内煮熟。

（4）将煮好的面带汤盛入碗中，放一个熟鹌鹑蛋，少许香菜即可，可以依个人口味加辣椒油同食。

（三）成品特点

面筋汤鲜，营养丰富。

（四）注意事项

（1）面团不可过软，否则影响口感。

（2）羊肉要冷水下锅去浮沫，汤汁才可使用。

（二）温水面团实训制品

技能训练7：花色蒸饺

花色蒸饺的成形工艺在面点制作中具有一定的代表性。它需用温水面团，制品通过包、捏、搓、钳、剪等成形手法，可以制作出 10～20 种造型。以下介绍最常见的几种花色饺的制作方法。

（一）原料准备

温水面团 350 克，鲜肉馅 250 克，火腿末、蛋黄末、蛋白末、青菜末适量。

（二）制作方法

把面团下成 30 个剂子，用擀面杖擀成直径为 8 厘米左右的圆形坯皮。

1. 四喜饺

皮子挑上馅后，左手托住，右手拇指与食指将两边皮子捏到中间，转 90°再对捏，形成四个孔洞，然后，将两个孔洞的一边与另一个孔洞的一边捏紧，形成四个大孔洞，中心有四个小孔洞，再将每个大孔洞角上捏尖，并在四个大孔洞填满四色馅心末，即为四喜饺生坯。

2. 冠顶

将圆形坯皮分成三等份，折成三角形，翻过来，放上馅心，将三条边各自对折捏在一起，捏紧后用拇指和食指推出双花边，然后将反面原来折起的部位翻过来，顶端放上红色蜜饯点缀，即成冠顶饺生坯。

3. 鸳鸯饺

坯皮上馅后，用拇指和食指将坯皮子两边对称捏紧成两个相同的孔洞，然后转 90°，双手同时将两孔洞的边对捏，形成一个大孔洞套两个小孔洞的形状，大孔洞边缘推捏出花边，另两个小洞填上两色的馅心装饰，即成鸳鸯饺生坯。

4. 青菜饺

取一小块绿色面团，擀开，中间放白色面团，擀成圆片坯皮，在纯绿色的一面上馅，均匀分成五等份捏紧成五条边，每条边用拇指和食指推出花纹成叶脉。将前一瓣菜叶的根部提上粘在后一瓣菜叶的边上，依此类推，成形后正好叶子是绿色的，下面菜帮部分是白色的，即成青菜生坯。

5. 一品饺

一品饺又名三鲜饺。就是把坯皮上馅后，三等分后向上拢起成三个孔洞，或三等分后捏出三条边，顺时针捏到临边上，形成三个孔洞即成一品饺。

6. 金鱼饺

坯皮上馅后，用拇指和食指将坯皮中间

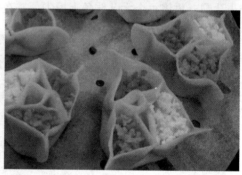

对折捏紧，推花边做金鱼的背鳍。稍多一点的一端展开，做金鱼的尾巴，另一端平分成三份，捏成三个孔洞，做金鱼的眼睛和嘴，即成金鱼饺生坯。

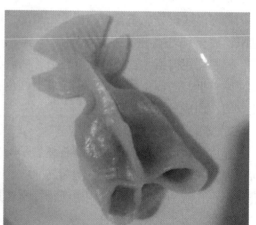

（三）成品特点

形态美观，造型逼真，色彩鲜明，规格一致，馅心居中，不漏馅。

技能训练8：鸡蛋灌饼

鸡蛋灌饼是源于河南信阳的汉族传统名点，深受当地居民喜爱。把鸡蛋液灌进烙至半熟的饼内，继续煎烙后烤制而成，饼皮酥脆蛋鲜香。鸡蛋灌饼也算一种早餐，有蛋有青菜，既有营养又方便，很受大家欢迎，是河北、山东、山西地区的风味食品之一。

（一）原料准备

普通面粉 300 克，鸡蛋 5 个，温水约 180 克，生菜适量，盐 1 小勺，甜面酱适量，大葱 1 棵，十三香 2 克，食用油 100 克。

（二）制作方法

（1）温水调制成面团，盖保鲜膜饧面 20 分钟左右。

（2）鸡蛋打散，加入提前切好的葱花、十三香、盐待用。

（3）面团下 5 个剂子，擀成厚点的圆片，圆片上抹一层油（便于隔开面），边缘不能有油，用虎口收紧口，按薄，轻轻擀薄，擀成 3 毫米厚的饼皮，千万不能破皮。

（4）平底锅加少许油烧至五六成热，放入薄饼，当饼中间鼓起来时，迅速用筷子将鼓起部位扎破，将打匀的鸡蛋液灌入。

（5）淋少许油翻面。中小火烙制，两面金黄即可，抹一些稀释的甜面酱，再加上生菜叶，卷起食用。

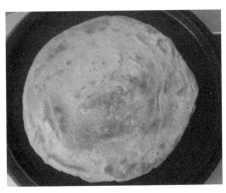

（三）成品特点

饼皮酥脆蛋鲜香。

（四）注意事项

（1）用 50℃左右的温水和面，这样和出的面柔软、劲道。

（2）擀开的饼皮抹油，成品层次丰富，口感酥脆。

（3）饼尽量擀薄一些，很快就会鼓起来，方便灌入蛋液。

（三）热水面团实训制品

技能训练9：鲜肉蒸饺

（一）原料准备

面粉1000克，鲜肉馅1500克。

（二）制作方法

（1）将面粉用沸水500克左右拌和成雪花面，再淋入100克左右冷水揉和成团，摊开散去热气待用。

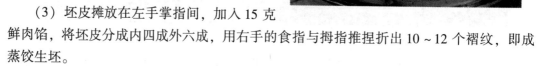

（2）将面团制成约10克一个的剂子，擀成直径为8厘米左右的圆形坯皮。

（3）坯皮摊放在左手掌指间，加入15克鲜肉馅，将坯皮分成内四成外六成，用右手的食指与拇指推捏折出10~12个褶纹，即成蒸饺生坯。

（4）将生坯放入蒸笼中，用旺火足汽蒸约7分钟，制品鼓起不粘手即可。

（三）成品特点

形似月牙，褶纹均匀清晰，皮质软滑，馅鲜嫩，卤汁多。

（四）注意事项

（1）烫面时要注意用水温度和用水量，烫粉要匀，散热要及时。

（2）包馅时，边上不可以粘馅，以防止蒸时开裂。

（3）蒸制时间不能过长，否则皮发涨，影响形态和色泽。

技能训练10：三鲜锅贴

（一）原料准备

面粉1000克，三鲜肉馅1500克。

（二）制作方法

（1）将400克面粉用开水烫面，600克面粉和成冷水面，然后揉和在一起和成半烫面。

（2）将面团下成80只坯剂，擀成直径为8厘米左右的圆形坯皮。

（3）坯皮摊放在左手掌指间，加入15克鲜肉馅，然后用右手的食指与拇指推捏折出 10～12 个褶纹，即成锅贴生坯。

（4）平底锅烧热抹油，将半成品整齐排列摆入锅内，稍煎一会儿，加入适量冷水。盖好锅盖焖制，待水快干时，再淋入少许油略煎。待饺底呈金黄色，按面皮时软中有弹性即熟，用锅铲从底部铲进出锅装盘即可。

（三）成品特点

底壳金黄色，脆香，面皮柔润，鲜香适口，别具风味。

（四）注意事项

（1）面要揉匀揉透。

（2）煎的过程中，盖子要盖严，防止水蒸气散失。

（3）煎制时要掌握好火候，要不停地转动平底锅，使之均受热均匀，防止焦糊。

技能训练 11：烧卖

（一）原料准备

面粉 500 克，猪肥瘦肉 400 克，冬笋丁 100 克，盐 15 克，生抽 30 克，鲜虾仁 50 克，姜末 10 克，葱花 30 克，味精 5 克，高汤 100 克，料酒适量。

（二）制作方法

（1）面粉加入 175 克左右沸水拌和成雪花面，散尽热气，揉成较硬的面团，饧 5 分钟后搓条，下成 15 克左右剂子。将截面向上按扁，用橄榄杖擀成直径为 8 厘米的边缘薄中间厚的荷叶边状圆形坯皮。

（2）将猪肉剁碎，加入姜末、盐、酱油、味精、高汤搅上劲，再加入冬笋丁、虾仁、葱花搅匀，最后加香油拌匀。

（3）左手托皮，右手用馅挑上馅，采用找上法制成下圆、上如石榴花边的烧卖坯。

（4）生坯上笼，旺火蒸 8 分钟后揭开笼盖，在烧卖上洒少许水（防止皮上的干粉生硬发白），再蒸 2 分钟即可。

（三）成品特点

形状美观、皮软光滑、口味咸香。

（四）注意事项

（1）面粉在烫制时要烫匀。

（2）坯皮在擀制时要多撒粉。

（3）馅心要多，形态才能饱满。

技能训练 12：菜角、糖糕

（一）原料准备

热水面团 500 克，鸡蛋 4 个，韭菜 750 克，过油豆腐 100 克，粉条 250 克，盐 15 克，生抽 20 克，五香粉 10 克，料酒 15 克，味精 5 克，香油 10 克，白糖 200 克。

（二）制作方法

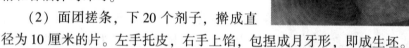

（1）鸡蛋加少许盐打散，加油略炒，晾凉，用刀斩成小粒。韭菜洗净切碎，粉条用清水煮到用手可以掐断后捞出，用刀斩一下。过油豆腐切成小粒。把上述几种原料混合均匀，加入盐、料酒、五香粉、生抽、味精和香油拌匀即可。

（2）面团搓条，下 20 个剂子，擀成直径为 10 厘米的片。左手托皮，右手上馅，包捏成月牙形，即成生坯。

（3）锅内加油，开火加热到五六成热，下入生坯炸制，用手勺轻轻推油，使制品旋转。待菜角浮起，颜色呈金黄色即可。

（4）糖糕制法：白糖加入少许面粉混匀做馅。把剂子用手捏成酒窝状，加入制好的糖馅，用右手的虎口收紧，双手拍压成小饼状，即成生坯。以四五成热油炸制浮起即可。

（三）成品特点

色泽金黄，外皮香脆，馅心鲜嫩。

（四）注意事项

炸制油温要控制在五六成热。

技能训练 13：荷叶饼

（一）原料准备

面粉 500 克，香油 100 克。

（二）制作方法

（1）将面粉倒在案板上，用开水 250 克烫面，和成热水面团，晾凉待用。

（2）把面团搓成每个 12 克的剂子，按扁、刷上油，略撒干粉做馇面，再用笤帚将馇面扫下。

（3）将两个剂子油面相对压在一起，用双手擀成直径为 12 厘米的圆饼。

（4）将平底锅加热，抹油。把擀好的饼先烙一面，待六七成有花时，翻个；待底面七八成有花时，再翻个；用笤帚扫去饼上的馇面即熟。烙好后叠成月牙形装盘。

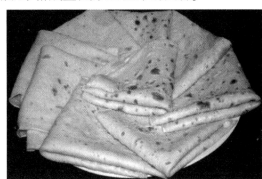

（三）成品特点

饼薄如纸，柔软适口，花点均匀，大小薄厚均匀一致。荷叶饼常用于烤鸭、烤乳猪食用的薄饼。

（四）注意事项

（1）烫面要烫匀烫透，面团要揉匀。

（2）面饼要擀得薄而圆。

（3）烙制时要勤翻面，掌握好火候。

想一想

在和制手擀面面团时加入的少量盐能起到什么作用？

做一做

在学会手擀面以后，尝试制作炸酱面、西红柿打卤面。

任务三　膨松面团制品

任务目标

技能目标

➢ 动作熟练、能利用生物膨松、化学膨松、物理膨松方法分别制作两种以上外形美观、品质俱佳、卫生达标的面点制品

知识目标

➢ 了解膨松面团调制的重要意义

➤ 掌握三种膨松面团的调制方法
➤ 掌握主要面团的特性及其形成原理

 任务学习

膨松面团是在调制面团过程中，添加膨松剂或采用特殊膨松方法，使面团发生生化反应、化学反应或物理反应，改变面团性质，产生许多蜂窝组织，使体积膨胀的面团。此类面团的特点是疏松、柔软，体积膨胀、充满气体，饱满、有弹性，制品呈海绵状结构。

面团要成膨松状态，必须具备两个条件：第一，面团内部要有能产生气体的物质或有气体存在。面团的膨松过程就是面团内部膨胀，从而改变面团组织结构的过程。没有气体，面团就无法膨胀，这是面团膨胀的首要条件。第二，面团要有一定的保持气体的能力。如果面团膨松无劲，那么面团内部已有的气体就会溢出，也就不能达到面团里的气体受热膨胀，使面团膨松的目的。

膨松面团根据其膨松方法的不同，大致可分为生物膨松面团（发酵面团）、化学膨松面团、物理膨松面团三大类。

一、生物膨松面团

生物膨松面团即发酵面团，是在面粉中加入适量的发酵剂，用冷水或温水调制而成的面团。这种面团通过微生物和酶的催化作用，具有体积膨胀、充满气孔、饱满、富有弹性、暄软松滑的特点，行业上习惯称为"发面""酵面"，是饮食行业中面点制作最常用的面团之一。

但因技术复杂，影响发酵面团质量的因素很多，所以必须经过长期认真的操作实践，反复摸透它的特性，才能制出多种多样的色、香、味、形俱佳的发酵面团品种。

（一）发酵面团的种类和调制方法

发酵面团根据其所用发酵剂和调制方法的不同，大致可以分为酵母发酵面团、面肥发酵面团及酒和酒酿发酵面团三种。

1. 酵母发酵面团

酵母发酵是根据所用发酵剂和调制方法的不同，进行发酵。常用的酵母是由酵母厂制作的液体鲜酵母、固体鲜酵母和活性干酵母，如表6-1所示。

表6-1 酵母的特点和用法

特点	使用情况	含水量	特点	发酵力
液体鲜酵母	可以随制随用	90%	酵母的培养溶液除去废渣后形成的乳状酵母	较均匀
固体鲜酵母	加入少量温水，调成稀泥状	73%~75%	呈块状、淡黄色，有特殊的香味	强而均匀
活性干酵母	直接加入	10%~80%	色泽淡黄，具有清香味和鲜美滋味	效果更好

以上三种酵母发酵速度快、时间短、使用方便，并能保存面团中的营养成分，是各大酒店、宾馆首选的发酵方式。

2. 面肥发酵面团

面肥又称"老面""引子"等。这是利用隔天的发酵面团所含的酵母菌催发新酵母的一种发酵方法，具体使用方法是：将隔天所剩的发酵面团，加水调开后，放进面粉中糅合，使其发酵成新的发酵面团。优点是成本低廉；缺点是发酵力差、速度慢，而且还会产生酸味，必须加碱来中和才能使用。

一般情况下，面粉、水、面肥的比例是1∶0.5∶0.05左右，具体情况应根据水温、季节、室温、空气湿度、发酵时间等因素来灵活掌握。在用面肥发酵时，根据发酵程度和调制方法的不同，一般分为大酵面、嫩酵面、碰酵面、戗酵面、烫酵面等几种。

大酵面：是将面肥加水和成，经一次发足的面团。其面粉与面肥的比例为1∶0.3～1∶0.1，发酵时间因气温高低而灵活掌握，一般为3～5小时，这种面团成品特别暄软、洁白、饱满，用途最广，如馒头、大包子、花卷等品种。

嫩酵面：指没有发足的发酵面团，即用水调面团加入少许面肥，稍后即用的面团。这种面团松软中带有些韧性，而且具有一定的弹性和延伸性，它的结构比较紧密，适用于制作皮薄或者卤多馅软的品种，如小笼包子、蟹黄包等。其调制方法和大酵面相同，只是发酵时间短，只相当于大酵面发酵时间的一半，既具有发酵面团的性质，又具有水调面团的韧性。

碰酵面：也称"抢酵面"。这种面团的调制方法是在面肥加入面粉后，根本不用发酵时间，随制随用，其用途与大酵面基本相同，这种面团制作可节约时间，从成品的质量上看，不如大酵面洁白、光亮。面粉与面肥的比例为2∶1或1∶1。一般用于制作加糖的面制品及特殊形态的制品。

戗酵面：就是在酵面中掺入干面粉揉搓成团的发酵面团。这种面团因戗制的方式不同而形成不同的特色。第一种方法：用兑好碱的大酵面，掺入30%～40%的干粉调制而成，其成品吃口干硬、劲道、有咬劲，如戗面馒头、高庄馒头等。第二种方法：在面粉中掺入50%的干面粉调制而成的面团，待其发酵后再加碱、加糖制作，其成品柔软、香甜、表面开花，没有咬劲，如开花馒头、叉烧包等。

烫酵面：就是将面粉用沸水拌和成雪花状，待稍冷后再放入老酵面肥揉制而成的面团。因在调制时用沸水烫粉，所以，成品色泽较暗。成品吃口软糯、爽口，较适宜制作煎、烤的品种，如黄桥烧饼、大饼、生煎包等。这种面团一般是在和面缸里或其他盛器内调制，将沸水倒入，面与水的比例是2∶1，用手将其拌成雪花状，稍凉后不停地揣、捣、揉，再加入面肥（面粉与水的比例为10∶3）均匀地揣透即可。

3. 酒和酒酿发酵面团

在没有面肥的情况下，需要重新培养面肥。培养的方法很多，常用白酒培养和酒酿培养。用酒和酒酿发酵面团具有独特的酒香味，且营养丰富，特别是在米类发酵品种中使用较多。

（二）发酵面团的形成原理

面团发酵是利用酵母菌的"生化反应"产生二氧化碳气体而使面团变得多孔、蓬松，产品形态圆润、暄软可口、营养丰富、易于吸收。面粉中含有大量的淀粉和少量的淀粉酶。在发酵面团时，淀粉在淀粉酶的作用下水解成麦芽糖。在适宜的温度、湿度下，酵母菌利用自身分泌的麦芽糖酶和蔗糖酶将麦芽糖和蔗糖水解成单糖供酵母菌发酵利用。酵母菌利用糖类进行呼吸和发酵作用，在氧气的参与下，进行旺盛的呼吸活动，将单糖分解为二氧化碳和水，且释放出大量能量供酵母菌进行大量的细胞繁殖。所以，会出现面团发起和温度升高的现象。随着发酵的继续进行，面团内的氧气逐渐消耗殆尽而产生了大量的二氧化碳，使面团内产生了丰富而均匀的蜂窝，体积比原来大了1~2倍。

酵母发酵是纯菌发酵，发酵力大，发酵时间短；老酵面团有杂菌（醋酸菌等）繁殖，需要进行酸碱中和。

（三）发酵面团调制的操作要领

1. 了解面粉的质量

（1）了解各类面粉中蛋白质的含量及其特性。面粉中的蛋白质在30℃以下与水结合形成面筋网络，从而能保持气体并促进面团的胀大。

目前，市场销售的面粉大体可以分为高筋粉（蛋白质含量较多，筋力较大的硬质粉）、中筋粉（面粉中蛋白质比例适中的中质粉）、低筋粉（蛋白质较少，筋力较小的软质粉）。应根据不同制品的需要采用不同的粉类。为了达到理想的发酵效果，用硬质粉发酵时可适当提高水温，降低筋力，以利于气体生成；软质粉在发酵时需降低水温，加少许盐，以增加筋力，提高面团保持气体的能力。

（2）了解面粉中淀粉和淀粉酶的质量。酵面的繁殖需要淀粉酶将淀粉转化成单糖。若面粉已变质或已经高温处理，淀粉酶的转化能力受到破坏，就会直接影响到酵面的繁殖，抑制酵面产生气体的能力。

2. 熟悉发酵面团的性能

（1）熟悉酵种的发酵能力。酵种的发酵能力强则面团发酵速度快，反之亦然。用于发酵的酵母菌通常有液体鲜酵母、压榨鲜酵母和活性干酵母三种，发酵能力递减。

（2）熟悉酵种中酵母的含量。酵母含量的多少，对面团发酵的速度、时间有很大影响。一般同一种面团，加入酵母的数量多，发酵速度快，发酵时间缩短。以活性干酵母为例，一般为面粉的2%左右。但放入的酵母数量过多，会产生一股难闻的气味。

3. 适当掌握掺水量

掺水量应根据面粉的质量、性能、成品的要求、气温的高低等因素来确定，掺水量不同，形成的面团软硬程度就会不同。面团的软硬程度与面团产生气体和保持气体的能力有着密切的关系。面团软，则发酵速度快、发酵时间短，发酵时易产生二氧化碳，但气体已散失；面团硬则反之，面粉与水的比例一般为2：1。具体还得考虑以下因素：

面粉的吸水性取决于面粉的含水量、面粉中蛋白质的质量与含量、淀粉颗粒的粗细程度。特制粉中的蛋白质含量高，粉粒细腻，颜色白净，具有良好的吸水性，掺水量可多些。新鲜的面粉或面粉中含水量高的，掺水量可以少些。天气潮湿、气温高，掺水量应少些；糖、油能抑制面团中面筋网络的形成，影响面粉的吸水能力，这时掺水量就应减少。

4. 适当控制温度

温度是影响酵母菌生长繁殖、分解有机物的主要因素之一。不同的温度下，酵母菌的活动能力也不相同。

例如，0℃以下，酵母菌没有活动能力；0～30℃酵母菌活动能力随温度升高不断增强；30℃～38℃酵母菌活动能力最强，繁殖最快；38℃～60℃酵母菌活力随温度升高而降低；60℃以上，酵母菌死亡，彻底丧失生长繁殖能力。由此可见，环境温度在30℃（水温最适宜）时，酵母菌繁殖速度最快。另外，面团或半成品在饧发时也应在30℃的温度下，才能保证最短时间内最大限度地膨胀。

5. 灵活掌握发酵时间

一般情况下，发酵时间越长，产生气体越多。但若时间过长，产生的酸味越大，面团的弹性也越差，制出的制品坍塌不成形；发酵时间短，则产生的气体少，面团发酵不足，制出的成品色泽差，不够暄软。因此，时间的掌握是非常重要的，要根据制品的要求灵活掌握。

6. 正确施碱

施碱是发酵面团调制的关键技术之一。施碱有两个作用：一是中和面团中产生的酸味；二是具有一定的膨松作用，使面团更松、更白。施碱技术比较复杂，如果用碱不当，就会直接影响制品的质量。碱轻则味酸，影响口味和色泽；碱重虽然排除了酸味，但成品色泽发黄，味苦而涩，还会刺激胃黏膜，影响消化和吸收，降低制品的营养价值。所以，施碱量必须适当、正确，不能机械地规定其数量，而是要根据发酵程度、酵母数量、成品要求灵活掌握。

（1）恰当掌握碱水的浓度及制法。施碱关键在于碱的数量，所以必须弄清碱液的浓度。目前使用的碱有碱面、碱块、碱水三种，化碱时碱液的浓度为40%左右。人工检测法：取一小块酵面头放进碱液内，能慢慢浮起为正好；如下沉，浓度不足；如快速浮起，浓度就超40%了。

（2）正确掌握施碱量。施碱的多少要根据酵母的多少、老嫩程度、气温的高低、发酵时间的长短、面肥使用量的多少、碱水的浓度及制品的要求等灵活掌握。施碱量的多少是保证酵面制品质量的关键。有句行话："天冷不易走碱，天热容易跑碱。"施碱多时为重碱（其制品颜色发黄、味道苦涩，维生素损失也多），施碱少时为欠碱（制品色泽无光，呆板发硬，吃口不爽）。施碱量得当时为正碱，正碱才能体现酵面制品的特色。

（3）掌握施碱方法。一般是将溶化好的碱水直接倒入酵面中，反复揉搓，使碱液迅速而均匀地渗入发酵面团。

（4）掌握检验施碱程度的常用方法。酵面加碱后，施碱程度的检验，一般采用感官检验法，常用的有嗅、看、听、尝、抓、烤、烙等。

（四）发酵面团实训制品

技能训练1：提褶中包

提褶中包是一种大众化品种，全国各地均有生产，常用于早餐、茶楼、宴席供应点心。因制作难度较大，近年来被定为全国职业院校技能大赛中职组面点比赛规定品种。

（一）原料准备

面粉500克，酵母10克，白糖30克，泡打粉5克，温水250克，鲜肉200克，葱花20克，姜末10克，精盐5克，味精3克，油3克，胡椒粉3克，麻油5克，清水25克。

（二）制作方法

（1）制作馅心：将鲜肉切条放入绞肉机内绞两遍成肉泥，放入馅盘内，加入盐、姜末、味精、酱油用力擦搅至肉质呈胶质状。分次倒入适量清水，朝一个方向搅打，直至将肉泥搅打至如冻胶状的稠肉酱，随后放入葱花，再把余下的调味料一齐放入拌均匀即可。放入冰柜内冻半小时。

（2）调制面团：面粉500克与泡打粉5克混合过筛开窝，将酵母、白糖放入粉窝内，加清水搅溶，再调制面坯，静置饧发15分钟后，揉至光滑软熟。

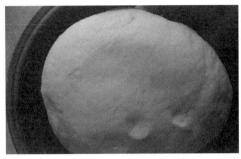

（3）制皮：将面团搓成长条，揪剂25个，逐个擀成中间稍厚周边稍薄的圆形皮坯。

（4）上馅成形：左手托皮，右手挑入馅心；右手拇指及食指提捏少许坯皮边沿，顺势向左前方提拉，成一褶后用右手拇指、食指、中指夹住，再用拇指、食指照上法继续提拉，直至坯皮周边全部提褶完毕即成生坯。

（5）饧发熟制：将生坯静置饧发10分钟后，入蒸笼用旺火足气蒸15分钟。

（三）成品特点

色泽洁白，膨松柔软，纹路清晰均匀，形状圆润饱满，收口小而均匀，无露馅流油现象，大小均匀一致，馅心鲜嫩多汁。

（四）注意事项

（1）面坯要稍微柔软点。

（2）成形时，左手托皮要顺着右手捏进度，用无名指、小拇指配合送皮；右手指提拉幅度一致，捏皮时手指用力均匀，拇指适当前移；双手动作协调，配合得当，方法正确。

（3）收口要小而圆。

（4）控制饧发时间，饧发不能过度，否则成熟后表面褶子不清晰。

二、化学膨松面团

化学膨松面团，就是将适当的化学膨松剂加入面粉中调制而成的面团。它是利用化学膨松剂发生的化学变化，产生气体，使面团疏松膨胀。这种面团的成品具有膨松、酥脆的特点，一般使用糖、油、蛋等多种辅助原料调制而成。主要品种有油条、棉花包等。

从成品的特点来看，化学膨松面团的膨松程度不如发酵面团，但由于面团中多糖、多油，会限制酵母菌繁殖。糖多，酵面不但不能生长繁殖，而且由于糖的渗透作用会使酵面细胞质与细胞液分离，从而失去活性；油多，会使酵面细胞表面形成一层油膜，隔绝酵面与水及其他物质的接触，酵面吸收不到养料，不能继续生长繁殖，限制面团的膨松，在这种情况下，用化学膨松剂可以弥补酵面的不足。

目前，常用的化学膨松剂有两类：一类属于发粉，包括小苏打（碳酸氢钠）、臭粉（碳酸氢氨或阿摩尼亚）、发酵粉、泡打粉等；另一类是明矾（硫酸铝钾）、碱（碳酸钠）、盐等。

（一）化学膨松面团的调制方法

1. 发粉面团调制方法

将面粉扒一小窝，放入油、蛋、糖等辅助原料，揉搓均匀，再加入发粉与剩余的面粉一起揉搓至发粉溶化，再和成面团。为了使发粉均匀分布在面团中，也可将其与面粉一起过筛，这样调制，成品不易出现黄斑。

2. 碱盐面团调制方法

将明矾、碱、盐分别碾细，按比例配合在一起，搅拌均匀，加水溶化搅起"矾花"后，放入面粉中立即搅动抄拌，揉和成面团，然后双手握拳按次序揣捣。边捣边叠，反复四五次，每捣一次要饧一段时间，最后把叠好的面团翻个面，抹上一层油，盖上湿布饧面，饧好后倒在抹过油的案板上。这样制出的成品特别松脆，但是营养成分已经被破坏。

（二）化学膨松的原理

化学膨松是利用某些化学物质在面团调制和加热时产生的化学反应来达到使面团膨松的目的。面团内掺入化学膨松剂调制后，在加热时受热分解，可以产生大量的气体，这些气体和碱面产生的气体是一样的，也可以使成品内部结构形成均匀的多孔性组织，达到膨大、酥松的要求，这就是化学膨松的基本原理。

（三）化学膨松面团调制的操作要领

由于各种化学膨松剂的化学成分各不相同，所以不同面团加入不同的膨松剂其膨松程度也有所不同。因此，在制作面点时，采用的化学膨松剂种类及其用量的多少，都会影响膨松效果，并直接影响制品的质量。

1. 正确选择化学膨松剂

要根据制品种类的要求、面团性质和化学膨松剂自身的特点，选择适当的膨松剂。例如：小苏打适合高温烘烤的糕饼类制品，如桃酥、甘露酥等，也适合用于制作面肥发酵面团。臭粉比较适用于制作薄形糕饼，因其加热后产生氨气，气味难闻，薄形糕饼面积大用量小，气味易挥发，制成的成品应冷却后再食用。制作油条等炸制食品可选用明矾、碱、盐等膨松剂。

2. 正确掌握调制方法

在使用明矾、碱、盐时应使用冷水将其化开，放入面团中。在使用小苏打、臭粉、泡打粉时，因其遇水后易产生气体而直接挥发，应与粉料充分混合均匀后再调制面团。另外，加入化学膨松剂的面团必须揉匀、揉透，否则成熟后成品外表会出现黄斑，影响口味。

3. 严格控制化学膨松剂的用量

目前使用的化学膨松剂的效力很强，在操作时应掌握好用量，用得多，面团苦涩；用量不足则成品不膨松，影响制品的质量，如表6－2所示。

表6－2　化学膨松剂的用量

种类	占面粉重量的比例
小苏打	1%～2%
臭粉	0.5%～1%
明矾、碱、盐	2.5%
泡打粉	1%～3%

一般而言，在夏季，膨松剂的量可以增加一些，因为天热，面团中的膨松剂易挥发，而冬天可适当减少些。总之，只有掌握好用量和比例，才能保证面团膨松，成品达到标准。

（四）化学膨松面团实训制品

技能训练2：麻花

（一）原料准备

面粉200克，白糖25克，花生油20克，鸡蛋1个，苏打2克，炸油500克。

（二）制作方法

（1）和面：将面粉放在案上中间扒窝成池，将花生油、苏打、白糖、鸡蛋、水混合均匀，再调成面团（光滑稍硬），揉至不粘手后饧发10分钟。

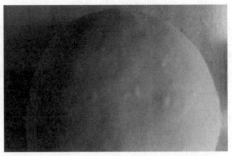

（2）成形：将饧好的面团擀成厚0.2厘米的面片，切成1厘米宽、6厘米长的面条，逐根搓成比筷子略粗的条，两端合拢扭起劲，条头从另一端的环内穿出，稍露头即为生坯。

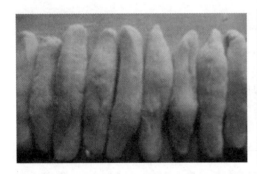

（3）油炸：电炸锅，油温定在180℃，家庭制作用普通锅，油温控制在八成热，下麻花坯炸制，注意保持小火微滚，慢慢炸成金黄色、外表坚硬时即可出锅。

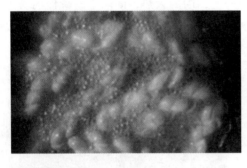

（三）成品特点

色泽深黄或金黄，长短一致，口感硬脆香甜。

（四）注意事项

面团不宜太软，否则不易成形；苏打与糖要分开溶化后再混合；炸制时油温不可过高，否则会出现外焦里不熟。

技能训练3：油条

（一）原料准备

面粉 250 克，白糖 3 克，清水 140～150 克，安琪无铝油条膨松剂 8 克，盐 5 克，油 2500 克。

（二）制作方法

（1）将原料倒入盆中，加入清水抄拌均匀，在用手和面的过程中带入其余的清水，轧制成柔软细腻、有筋力的面坯，薄薄刷上一层油，饧面 20 分钟。

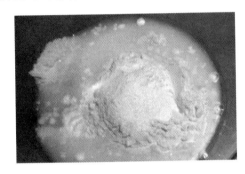

（2）将面坯再轧一遍后放到刷好油的盘上，盖上油布饧 40 分钟。从饧好的面坯上顺序切下一条，用手边拉边按成厚约 0.7 厘米、宽 7 厘米的长条，抹上一层油后用刀剁成 1 厘米左右的小条。

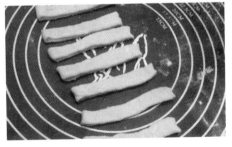

（3）将两小条叠在一起，双手提起，拉成长约 30 厘米长的条，下入 220℃ 的油锅中炸制膨松起发、呈浅棕红色即可。

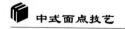

（三）成品特点

外形美观，色泽棕红，口感酥脆，膨松起发。

（四）注意事项

面团不能太硬，饧发要有足够的时间，下条要均匀一致，炸制时要不断翻转。

三、物理膨松面团

物理膨松面团，又称蛋泡面团、蛋糊面团。是利用机械力的充气方式和面团内的热膨胀原理（水分因高温而气化），在加热熟化过程中使制品保持气体从而质地膨松。一般多用来制作蛋糕、泡芙等面点。其特点是制品营养丰富，疏松柔软适口，易被人体消化吸收。

（一）物理膨松面团调制

1. 蛋糕面团的调制

取干净的打蛋桶，加入鸡蛋、白糖，用机械或人工将蛋液顺着一个方向迅速抽打，待蛋液颜色发白，体积增大两倍呈浓稠的糊状时，将过筛的面粉轻轻地掺入拌匀即可。鸡蛋、面粉、白糖的比例为2∶1∶1。具体比例可根据品种确定，鸡蛋比例大，成品柔软性好；面粉比例大，成品硬实；糖则起到提高蛋液黏稠度、调味和改善成品色泽的作用。

2. 泡芙面团的调制

制作泡芙面团的主要原料有面粉、植物油（或猪油）、鸡蛋，比例为2∶1∶3，加入适当的水和少许的盐。

泡芙面团的调制方法如下：

（1）烫面。配方中的水、油和盐倒入锅中，用大火煮到沸腾，取长木棍将煮沸的水、油迅速搅拌均匀。如是固体油脂，须等浮在表面的油块全部熔化，再将面粉直接倒入沸腾的油水中，快速搅动，将油水和面粉拌匀，直到面粉完全胶化，面团烫熟。然后将面糊倒在台板上或搅拌机内冷却至60℃~65℃。

（2）搅糊。将蛋液慢慢分次加入面粉糊中，每次加入的蛋液都应与面糊搅拌均匀后再加入新的蛋液。检验面糊稠度的方法——用木勺将面糊挑起，面糊缓缓地下流，流得过快，说明糊稀，流得过慢则糊厚，应添加蛋液，如果面糊留在刮板上的痕迹是三角形薄片，则说明糊的稠度恰到好处。

注意事项：面粉要过筛，以免出现面疙瘩；面团要烫熟烫透，不要出现糊底现象；每次加入蛋液后，面糊要搅拌上劲，以免起砂影响质量；面糊的稀稠要适当，否则会影响制品的起发度及外形的美观度。

（二）物理膨松面团的基本原理

物理膨松面团的基本原理是以充气的方法，使空气存在面团中，通过充气和加热，使面团体积膨大、组织疏松。用作膨松充气的原料必须是胶状物质或黏稠物，具有包含气体并不使之溢出的特性，常用的有鸡蛋和油脂。以鸡蛋制品为例，蛋白有良好的起泡性能，通过一个方向的高速抽打，一方面打进许多空气，另一方面使蛋白质发生变化，其中球蛋白的表面张力被破坏，从而增加了球蛋白的黏稠度，有利于打入的空气形成泡沫并被保持在内部。因蛋白胶体具有黏性，空气被稳定地保持在蛋泡内，当受热后空气膨胀，因而制品疏松多孔，柔软而有弹性。

（三）物理膨松面团调制的操作要领

1. 严格选料和用料

原料是面团实现膨松的关键条件之一，不具有良好的气体保持能力的原料，要想达到理想的膨松效果是不可能的。如蛋糕面团的调制必须用新鲜的鸡蛋，而且越新鲜越好，因为新鲜鸡蛋胶体稠、浓度大，含蛋白质多，灰分少，能打进的空气多，抽打后体积能增加三倍以上，且保持气体性能稳定，蛋液容易打发膨胀。当然存放时间久或散黄蛋均不宜使用。蛋糕面团对面粉的要求也较高，宜用粉质细腻而筋力不大的低筋粉，如使用筋力较大的面粉，加入时容易上劲而排出气体，就达不到成品膨松的效果。

2. 注意调制时的每一个环节

用物理膨松法调制面团的关键是抽打蛋泡。具体的做法是：鸡蛋加入盆内后（保证干净、无水、无油、无碱、无盐），用打蛋器顺着一个方向高速抽打，打至蛋液呈干厚浓稠的泡沫状，能立住筷子为止，然后加面粉拌和即成。

近年来，随着科学的发展，采用蛋清、蛋黄分离搅拌的方法，加入一些添加剂，使制品更膨松、更细腻，打出的面团更稳定，制品更松软适口。

（四）物理膨松面团实训制品

技能训练4：全蛋海绵蛋糕

（一）原料准备

鸡蛋5个，白糖100克，面粉150克，水15克，清油15克。

（二）制作方法

（1）准备好配比原料。

（2）将鸡蛋打入容器内加糖，用打蛋机打蛋液，先低速再到高速，打到蛋液发白发松时即可。

（3）在蛋泡中加入低筋粉搅拌均匀，即成稀糊状的蛋泡面团，然后倒入已准备好的模具内，将蛋泡表面刮平。

（4）将烘盘放入 180℃左右的烘烤炉内，烤到表面金黄，手按一下有弹性，或用牙签插一下，如没有粘黏现象，表明已熟透，即可离火。

（三）成品特点

绵松甜香，色泽鲜艳，表面金黄。

（四）注意事项

（1）掌握好各种原料的配比。

（2）在搅打蛋糊前，要确保打蛋桶内没有油脂，否则不易打发。

（3）烘烤时掌握好上、下火的温度。

技能训练5：戚风蛋糕

虽然戚风蛋糕是个比较基础的蛋糕，用料也非常简单，但在制作过程中需要注意的事项也比较多，稍不小心可能就会失败，不过只要掌握了戚风蛋糕的制作要点，一定可以烤出非常成功的戚风蛋糕。

（一）原料准备

蛋黄部分：蛋黄 5 个，水 40 克，细糖 25 克，清油 40 克，精盐 1 克。

蛋白部分：蛋白 5 个，细糖 75 克，塔塔粉 2 克。

低筋面粉：低粉 90 克。

（二）制作方法

（1）将蛋白部分的原料混合，用打蛋机将蛋液打发至体积膨胀发白即可。

（2）将蛋黄部分的原料混合拌匀。

（3）在蛋黄混合液中加入低筋面粉搅拌均匀，至呈稀糊状，然后把打发的蛋白混合液混合后倒入已准备好的模具内，将蛋泡面糊表面刮平。

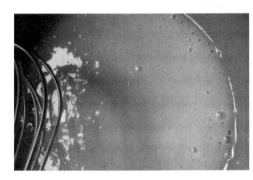 

（4）将烘盘放入 180℃ 左右的烘烤炉内，烤 40 分钟到表面金黄色，手按一下有弹性，或用牙签插一下，如没有粘黏现象，表明已熟透，即可离火。

（三）成品特点

松软适口，色泽金黄。

（四）注意事项

（1）蛋清部分在搅打时器皿内部不能有水、油，要保持干净。

（2）要掌握制作的先后顺序，面团的搅打方法。

技能训练 6：泡芙

（一）原料准备

低筋面粉 100 克，黄油 75 克，鸡蛋 3 个（约 100 克），白糖粉 10 克，清水 150 克，鲜奶油 100 克。

（二）制作方法

（1）黄油、水、白糖三者混合，加热至沸后关火。

（2）倒入筛好的低筋面粉，同时小火加热、搅拌均匀至面团不粘锅时，即可关火。

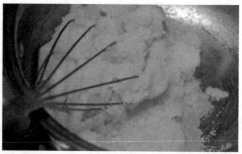

（3）将面团饧一会儿，稍冷却之后，分次将鸡蛋倒入，每倒一次，一定要将面团混合均匀，至面糊提起呈倒三角形。

（4）将混合后的面团倒入裱花袋内，挤到烤盘上，以 190℃～200℃烘烤30～35分钟，直到泡芙表面呈金黄色，并且膨胀坚挺为止，关火继续焖 5 分钟后取出晾凉。

（5）将生坯烤好后，取出晾一下，在中间挤入打好的鲜奶油、水果即可装盘（上面撒上白糖粉后就像挂了一层霜）。

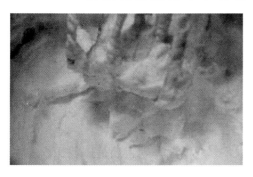

（三）成品特点

膨胀坚挺、表面金黄色。

（四）注意事项

（1）注意原料比例。

（2）注意投料的先后次序。

（3）注意搅打加蛋时面糊温度在40℃以下，温度过高鸡蛋会部分变熟，大大影响泡芙膨胀程度，注意加蛋的量，面糊稀稠度也要控制好，不能太稠或太稀。

（4）将奶油装入加装泡芙专用裱花嘴的裱花袋中，从泡芙侧边挤进奶油。

（5）烤泡芙的温度要适宜。烤时千万不要开烤箱盖，否则将影响泡芙膨胀。

想一想

（1）三种膨松面团的操作要领如何？

（2）两种蛋糕的制作过程有何区别？

做一做

制作花式蒸卷（花样三种以上）及蛋糕。

任务四　油酥面团

 任务目标

技能目标

➤熟练掌握大包酥、小包酥的开酥方法，通过练习能在30分钟之内完成一个标准配方的开酥过程

➤熟练掌握油酥面团常见品种的和面、开酥、成形、熟制的方法

知识目标

➤ 掌握大包酥、小包酥的定义
➤ 理解掌握层酥面团的形成原理

 任务学习

油酥面团是以油和面粉作为主要原料调制而成的面团。其特点是体积膨松、色泽美观、口味酥香、富有营养。油酥面团制作工艺精细、独特。常见的品种有千层酥、黄桥烧饼、花式酥点、广式月饼等。油酥面团分为层酥面团和单酥面团两类。

一、层酥面团

层酥面团是由皮面和酥面两块面团组合制成的。其成品色泽玉白，外形美观，层次清晰，是酥松类制品的主要品种。按其制作特点不同，可分为包酥面团和擀酥面团两种。

（一）包酥面团的调制方法

包酥面团是由两块不同制法的面团互相配合擀制而成的面团。一块是坯皮，另一块是酥心。坯皮通常分为水油面皮、酵面皮、蛋面皮三种。酥心即是干油酥，其特点是品种质地酥松、体积涨大、层次分明。包酥的工艺流程：干油酥（酥心）的调制；水油酥（皮面）的调制。

1. 干油酥的调制

（1）干油酥的性能和特点。松散软滑，丝毫没有韧性、弹性和延伸性，但具有一定的可塑性和酥性。其虽然不能单独制成面点，但可与水油酥合作使用，使其层层间隔，互不粘连，起酥发松，成熟后体积膨松，形成层次。

（2）干油酥调制工艺流程：下粉、掺油、拌匀、擦透、成团。

（3）干油酥的操作要领：①反复揉搓。②掌握配料比例。③了解油脂性能。④掌握干油酥的软硬度。⑤正确选用面粉。

2. 水油酥的调制

（1）水油酥的性能和作用：既有水调面团的筋力、韧性和保持气体的能力，又有油酥面的润滑性、柔顺性和起酥松性。

（2）水油酥调制工艺流程：下粉、油、水，搅匀，拌和，揉搓，成团。

（3）水油酥调制的操作要领：①正确掌握水、油的配料比例。面粉∶水∶油为1∶0.4∶0.2。②反复揉搓。③防干裂。

3. 包酥

包酥又称破酥、开酥、起酥。包酥就是将干油酥包入水油皮面，经反复擀薄叠起，形成层次，制成层酥的过程。包酥分为大包酥和小包酥。

（1）大包酥。和制水油皮面、制干油酥面，包酥→开酥→制皮。①制水油皮面团。②和制干油酥面团。③将水油皮面团擀成长方形。④油酥面团也擀成一个小长方形。⑤用水油皮面团包裹油酥面团。⑥擀开即可。

（2）小包酥。和制水油皮面→和制干油酥面→分剂→包裹→开酥→制坯皮。

和制水油皮面和干油酥面的方法和大包酥面团相同。①将两种面团分别下成小剂子。②用水油皮面团包裹油酥面团。③开成椭圆形。④卷起。⑤取一个剂子按扁，向内收四角，并擀开。

（3）包酥的操作要领。①水油面与干油酥的比例必须适当。②将干油酥包入水油面

中时，应注意面皮四周要厚薄均匀。③擀皮起酥时，两手用力要适当。④擀皮起酥、卷筒时，尽量少用生粉。⑤擀皮时速度要快，以防结皮。⑥起酥后切成的胚皮应盖上湿布。

4. 酥皮的种类

酥皮分为明酥、暗酥和半暗酥。

（1）明酥。明酥是大包酥或小包酥，成品酥层外露，表面能看见非常整齐均匀的酥层。分为圆酥和直酥。

明酥的质量要求：①起酥要注意起得整齐，即在擀长方形薄片时，厚薄要一致，宜用卷的方法起酥，卷时要卷紧，不然在成熟时易飞酥。②用刀切剂，下刀要利落，以防相互粘连，按皮时要按正。③擀时从中间向外擀，用力要适当、均匀。④包馅时将层次清晰的一面朝外。

（2）暗酥。暗酥是在成品表面看不到层次，只能在外侧或剖面才能看到层次的酥皮制品。品质要求：膨松胀发，形态美观，酥层不断、清晰、不散不碎。

暗酥分为卷酥法和叠酥法。

操作方法：①起酥时，千油酥要均匀地分布在水油面团中，皮不要擀得过薄，卷时筒状的两端不要露酥。②起酥时可根据品种的需要采用卷酥或叠酥的方法。③切剂时刀口要快，下刀要利落，防止层次粘连。④多采用烘制方法成熟。

（3）半暗酥。半暗酥是将酥皮卷成筒形后，将制品用刀切成段，用手或擀面杖向45°按剂，制成半暗酥剂，用擀面杖将剂子擀成皮，包入馅心，包捏成形。

半暗酥的特点是酥层大部分藏在里面，成熟后涨大性较暗酥制品大，适合制作果形的花色酥点。

操作要点：①宜采用卷酥法，酥层要求薄而均匀。②擀皮时中间稍厚，四周稍薄。③包馅时，层次多且清晰的一面向外，层次较少的一面向里。④成熟方法可用炸与烘。

5. 包酥面团实训制品

技能训练1：眉毛酥（圆酥）

（一）原料准备

面粉250克，枣泥馅150克，熟猪油1000克（实耗125克），豆沙馅适量。

（二）制作方法

（1）取大包面团一份，刷上水。从一边卷起，成圆筒形。

（2）卷好的面团用保鲜膜包好，入冰箱冷冻至硬，再取出切成 0.6 厘米厚的圆形坯皮。

（3）将坯皮按扁，擀开，包入馅心，在边上捏出波浪花纹。

（4）生坯入三成热油锅，浸炸至酥层出现，浮起后即可捞出装盘。

（三）成品特点

色泽微黄，形似秀眉，层次分明，酥松香甜。

（四）注意事项

（1）掌握好水油面、油酥面调制比例。

（2）注意开酥时用力要均匀。

（3）掌握好炸制油温。

技能训练2：红芝麻酥

（一）原料准备

水油皮（中筋粉 80 克、水 30 克、猪油 33 克、糖粉 6 克），油酥面（低筋粉 100 克、猪油 50 克），红糖芝麻馅（红糖 60 克、熟黑芝麻 35 克、熟面粉 20 克、融化黄油 20 克）。

（二）制作方法

（1）制作馅：先将熟芝麻用擀面杖压碎。

（2）将红糖、黑芝麻、炒熟的面粉混合均匀，加入融化的黄油，拌匀备用。

（3）开酥方法参看小包酥的开酥方法。

（4）将红糖芝麻馅放在皮中间，将皮四周向中间折起。

（5）利用左手虎口慢慢将皮向上收紧，右手托住，收口收好后整理成圆形。

（6）将制作好的红芝麻酥，表面刷蛋黄液后放入预热好的烤箱（上火180℃、底火180℃）烘烤15分钟即成。

（三）成品特点

馅香气浓郁，松酥可口。

（四）注意事项

馅心适量、成形大小要一致。

技能训练3：枣花酥

（一）原料准备

水油皮（中筋面粉100克、细砂糖155克、水45克、全蛋液2小勺、猪油10克），油酥面（中筋面粉80克、猪油50克），枣泥馅（红枣500克、白砂糖150克、植物油80克、清水适量），表面装饰（蛋黄、黑芝麻各适量）。

（二）制作方法

（1）小包酥面团一份，分成小剂子，开酥后擀开包入枣泥馅，用拢上法收口。

（2）按扁擀成圆形，均匀地用刀切口。

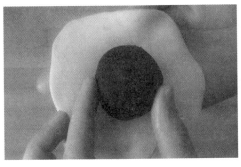 

（3）顺势将切口拧过来，让馅心露出。

（4）烤箱预热至200℃，烤15分钟左右，至酥皮层次完全展开即可。

（三）成品特点

馅心香气浓郁，松酥可口。

（四）注意事项

（1）成形大小要一致。

（2）控制好烤箱的温度。

技能训练4：牛舌酥

（一）原料准备

油酥（中筋面粉80克、猪油40克），水油皮（中筋面粉100克、温水45～50毫升、猪油10克、糖粉10克、奶粉10克、蜂蜜5克）、白糖芝麻馅适量。

（二）制作方法

（1）采用小包酥的方法开酥，包入馅心，用拢上法收口。

（2）擀成椭圆形，刷上蛋液。

（3）撒上芝麻，烤箱预热180℃，烤制25分钟即可。

（三）成品特点

此饼形似牛舌，柔软多层，酥香适口。

（四）注意事项

（1）擀制时收口处向下。

（2）注意烤制温度、时间。

（二）擘酥面团的调制方法

擘酥面团调制时由两块面团组成，一块是用凝结猪油掺面粉调制而成的油酥面，另一块是用水、糖、蛋等与面粉调制的面团，通过叠酥手法制作而成。由于油量较多，起酥膨松的程度比一般酥皮要高，因此成品特点是成形美观、层次分明、入口酥化。

1. 油酥面调制法调制工艺流程

将冷却的熟猪油掺入面粉→搓揉→压形→冷冻油酥面

具体做法是：将猪油熬好，冷却凝结，掺入少量面粉（比例为1∶0.3）搓揉均匀，压成板形，放入特制器皿内，加盖密封放入冰箱，至油脂发硬，成为硬中带软的结实板块体即成。

2. 水油皮面调制一般工艺流程

下粉→掺入蛋液、白糖、水→揉搓→冷冻水油皮面

具体做法与调制水调面团基本相同，但加入的辅料较多，如鸡蛋、白糖等，一般用375克面粉，加入鸡蛋两个、白糖35克和清水175克拌和后，用力揉搓，揉至面团光滑上劲为止。也要放入特制器皿内，和油酥面一起置入冰箱冷冻，最好使水面与油面冻得一样硬。

3. 开酥法

擘酥面团采用的是叠酥的方法，具体做法如下：把冻硬的油酥面取出，放到案板上滑压，再取出水调面团，也压成和油酥面大小相同的扁块，放在油酥面上，对折擀成长方形，再进行折叠，将两端向中间折入，轻轻压平，折成四折，然后在第一次折的基础上，再擀成长方形，按以上方法重复三次后，将其轻轻放入盒内摆平，再放入冰箱冷冻约30分钟即成擘酥面团。

（1）需要凝结的熟猪油、黄油或麦淇淋。

（2）水油面皮和油酥面的软硬度一致，水油面皮要有筋力且有韧性。

（3）操作时落槌要轻，开酥时手力要均匀。

（4）注意用料比例和冷冻时间的控制。

4. 擘酥面团实训制品

技能训练 5：千层酥皮面团

（一）原料准备

低筋粉 220 克，高筋粉 30 克，黄油 40 克，细砂糖 5 克，盐 1.5 克，水 125 克，黄油 180 克（裹入用）。

（二）制作方法

（1）面粉和糖、盐混合，将 40 克黄油放于室温使其软化，加入面粉中。倒入清水，揉成面团。水不要一次全部倒入，而需要根据面团的软硬度酌情添加。揉成光滑的面团后用保鲜膜包好，放进冰箱冷藏 20 分钟。

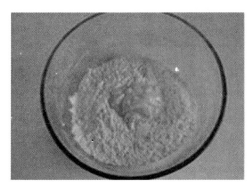

（2）把 180 克裹入用的黄油切成小片，放入保鲜袋排好。用擀面杖把黄油压成厚薄均匀的大薄片。这时候黄油会有轻微软化，放入冰箱冷藏至重新变硬。把黄油薄片放在长方形面片一边。

（3）把面片的一端向中央翻过来，盖在黄油薄片上，这样就把黄油薄片包裹在面片里了。把面片的一端压死，手沿着面片一端贴着面皮向另一端移过去，把面皮中的气泡从另一端赶出来，避免把气泡包在面片里。手移到另一端时，把另一端也压死。最后将面片旋转 90°。

（4）用擀面杖再次擀成长方形。擀的时候，由中心向四个角的方向擀，容易擀成规则的长方形。将面皮的一端向中心折过来，再将面皮的另一端向中心翻折过来，再把折好的面皮对折，这样就完成了第一轮的三折。

（5）将折好的面片包上保鲜膜，放入冰箱冷藏20分钟左右。冷藏好的面片拿出来后重复进行两次折叠、擀制。

（6）把第三次折叠完成的面片擀开成厚度约0.3厘米的长方形，擀开后即制成一块千层酥皮。

（三）成品特点

层次清晰、香味浓郁，适合制作西式千层酥。

（四）注意事项

（1）注意面团的软硬度。

（2）每次开酥都要放入冰箱冷冻。

技能训练6：蝴蝶酥

（一）原料准备

千层酥皮一份，白砂糖适量，清水适量。

（二）制作方法

烘焙：200℃，放烤箱上层，上下火20分钟左右，烤至微金黄色即可。

（1）按照千层酥皮的制作方法做好千层酥皮，擀成0.3厘米厚以后，用刀切去不规整的边角，修成长方形。在千层酥皮上刷一层清水，等千层酥皮表面产生黏性以后，在表面撒上一层白砂糖。

（2）沿着长边，把千层酥皮从两边向中心线卷起来。

（3）切的时候小片会被压扁，用手轻捏它，把它修复成扁平状，排入烤盘。烤20分钟左右至微金黄色即可。

（三）成品特点

形似蝴蝶，口感松脆香酥，香甜可口。

（四）注意事项

（1）烤盘内事先涂上一层黄油。

（2）烤箱事先预热到200℃，把烤盘放到烤箱上层。

二、单酥面团

单酥面团是以面粉、油片、蛋、糖等为主要原料调制而成的。特点为松酥、香甜等。常见品种有广式月饼、开口笑、杏仁酥等。根据原料制作方法不同，可分为浆皮面团和混酥两大类。

（一）浆皮面团的调制

浆皮类面团是以面粉、砂糖、油脂为主要原料调制而成的，根据制品特点可分为砂糖浆面团和麦芽糖面团两种。

1. 砂糖浆面团的调制

砂糖浆面团是以面粉、砂糖、油脂为主要原料调制而成的。因调制时砂糖用量较多，必须将糖制成糖浆才能使用。此面团具有良好的可塑性，成形时不酥不脆、柔软不裂，烘烤成熟时容易着色，制品存放两天后回油，更加油润、松酥。常见的砂糖浆面团制品有广式月饼等。

（1）糖浆调制方法。

原料：白砂糖500克，清水175～200克，柠檬0.25～0.3克。

制法：先将清水的1/4倒入锅中，放入白砂糖加热后煮至沸腾，可将剩余的清水逐渐加入，以防止糖液飞溅，煮沸后用文火煮约30分钟，煮至剩下的糖液约为620克时加入柠檬酸，搅拌均匀即可取出，再放入器皿中储存15～20天取出使用。

（2）面团调制方法。

原料：富强粉 500 克，糖浆 400～410 克，花生油 120 克，碱水 8～9 克。

制法：将面粉放在案板上，中间扒一凹坑，将糖浆和碱水混合后，放入花生油搅拌成乳状，再倒入面粉内拌和揉制成面团。砂糖浆及面团的软硬应根据馅心的软硬灵活掌握。

2. 砂糖浆面团实训制品

技能训练 7：广式豆沙月饼

（参考分量：规格为 63 克的月饼 15 个）

（一）原料准备

月饼皮（中筋面粉 100 克、转化糖浆 85 克、花生油 25 克、枧水 2 克），广式豆沙馅（红豆 270 克、细砂糖 290 克、花生油 120 克、熟面粉 20 克），蛋黄水（蛋黄 1 个、蛋清 1 大勺，调匀而成）。烤焙：200℃，中层，约 20 分钟。烤 5 分钟定型后取出来刷蛋黄水。

（二）制作方法

（1）转化糖浆、花生油、枧水倒入碗里，用手动打蛋器搅拌均匀。面粉过筛倒入糖浆里，用刮刀拌匀制成面团。

（2）将馅和皮分成需要的份数。一般来说，皮和馅的比例为 2∶8。如果模具是 50 克，就将皮分成每份 10 克，馅每份 40 克。

（3）取一块皮在手心压扁，将馅放在皮上，用左手掌根部推月饼皮，并用手指不断转动皮和馅，使皮慢慢地包裹在馅上，包好收口。

（4）将包好的月饼坯放入模具里，压出月饼的形状。

（5）表面喷一点水。放入预热好上下火 190℃的烤箱，烤 5 分钟后取出，在表面薄薄地刷一层蛋黄水，重新放入烤箱，烤 15 分钟左右，至表面金黄即可出炉。

（三）成品特点

皮薄松软、色泽金黄、造型美观、口感香甜。

（四）注意事项

（1）刚拌好的面团很黏，将面团用保鲜膜包好，放到冰箱至少冷藏 1 个小时以上再使用。

（2）在月饼模具里放一些面粉，用手掌压住模具口，晃动几下，使面粉均匀地撒在模具里。倒出多余的面粉。

3. 麦芽糖面团的调制

麦芽糖面团是以面粉、麦芽糖、糖粉为主要原料调制而成的。常见品种有鸡仔饼、炸肉酥等。

（二）混酥面团的调制

混酥面团是由面粉、油脂、糖、蛋或少量清水原料混合擦制而成的。在制作过程中投放原料的种类和比例应依据品种的需要而定。混酥类面团一般都要加入化学膨松剂，以使成品成熟后更酥松，如开口笑、甘露酥等。

技能训练8：开口笑

（一）原料准备

面粉 500 克，花生油 1000 克（实耗 200克），鸡蛋 50 克（1 个），白糖 50 克，饴糖150 克，芝麻仁 60 克，小苏打 5 克，糖精少许，调制面团油 25 克。

（二）制作方法

（1）称量好原料备用，将鸡蛋打破、去皮，倒入盆中，加入小苏打、饴糖、白糖、糖精调制。

 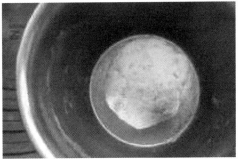

（2）将调好的蛋液搅拌后倒进面粉，拌和均匀，揉搓成团，放到案板上，搓成粗长条，揪成40克一个的剂子，揉成圆球。

（3）将芝麻仁用开水焖片刻，捞出，控水，放入容器，把做好的圆球形剂子放入，使之均匀沾上芝麻仁，即成开口笑的生坯，放入四成热油锅炸制10分钟即成。

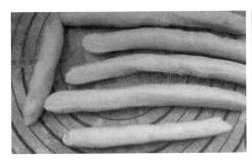 

（三）成品特点

外脆内酥，香甜可口。

（四）注意事项

（1）不可过多揉搓，否则，炸时不开口，不暄软，不美观。

（2）炸制时油温要控制好，否则会出现不开口现象。

技能训练9：桃酥

（一）原料准备

普通面粉100克，细砂糖50克，植物油55克，鸡蛋10克，核桃碎30克，泡打粉3克，小苏打2克。

（二）制作方法

（1）将植物油、打散的鸡蛋液、细砂糖在大碗中混合均匀。

（2）面粉和泡打粉、小苏打混合均匀，过筛。

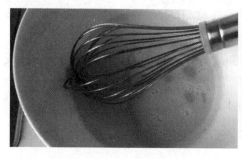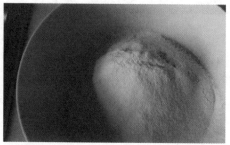

（3）将核桃碎倒入面粉中，混合均匀。

（4）把面粉倒入第一步准备好的植物油混合物中，叠成面团，取一小块面团，搓成球状。

（5）将小圆球压扁，放入烤盘。在表面刷一层鸡蛋液，放入预热好的烤箱烤焙，烤到表面金黄色即可。

（三）成品特点

清甜、松酥、入口即化。

（四）注意事项

（1）不可揉搓，应用叠的手法，否则面团易上劲，成品不酥松。

（2）烤制温度应控制在180℃，约15分钟。

三、油酥面团的形成原理

　　油酥面团之所以能形成成品酥松、膨大、分层的特点，主要是因为在调制面团时用了大量的油脂。油脂是一种胶质物质，具有一定的黏性和表面张力，当油渗入面粉后，面粉颗粒被油脂包围，黏结在一起，因油脂的表面张力很强不易化开，所以油和面粉黏结只靠油脂微弱黏性维持，故不太繁密，但经过反复揉擦，扩大了油脂颗粒与面粉颗粒的接触面，充分增强了油脂的黏性，使其逐渐粘连成为面团。

　　油酥面团虽然揉擦成团，但是油酥面团的面粉颗粒并没有结合起来，不能像水调面团那样由蛋白质吸水形成面筋网络，淀粉吸水膨润增加黏度。所以油酥面团仍然比较松散，没有黏度和筋力。这也就形成了与水调面团不同的性质——起酥性。油酥面团酥松起层的原因具体如下：

　　（1）面粉颗粒被油脂包围、隔开，面粉颗粒之间的距离扩大，空隙中充满了空气。这些空气受热膨胀，使成品酥松。

　　（2）面粉颗粒吸不到水，不能膨润，在加热时更容易"碳化"变脆。综上所述，完全由油与面粉调制的面团，虽然具有良好的起酥性，但是面团松散，不易成形，加热散开，无法加以利用。因此，必须采用其他方法与之配合，这就形成了加水、糖、膨松剂的单酥，包入其他面皮内的炸酥，与干油酥、水油酥结合的酥皮、擘酥等各种油酥面团。

　　（3）酥皮面团的起酥原理是在调制干油酥时，面粉颗粒被油脂包围，面粉中的蛋白质、淀粉被间隔，不能形成网状结构，质地松散，不易成形。而调制水油酥时，由于加水调制使其形成了部分面筋网络，整个面团质地柔软，有筋力，延伸性强。这两种面团合在一起，形成一层皮面，一层油酥面。干油酥被水油酥间隔，当制品生坯受热时，水就会汽化，使层次中有一定空隙。同时，油脂受热也不粘连，产生酥化作用，便形成非常清晰的层次。这就是起酥的基本原理。

想一想

用什么油和制的油酥面开酥效果最好？为什么？

 做一做

（1）根据眉毛酥的制作方法动手制作盒子酥。
（2）利用千层酥皮面团制作苹果派。

知识拓展

宫廷桃酥

相传明嘉靖年间，江西出了两位首辅，夏言和严嵩，一忠一奸。后夏言被严嵩陷害致身首异处，夏言后裔有一部分逃到上清挂洲村，一部分在今龙头山下以制作桃酥为生，在靠近北极阁的地方，开设了码头埠做起了馃子生意，专卖"宫廷桃酥"，并流传了下来。在中华人民共和国成立初期，逢年过节走亲访友，送上一包桃酥，一斤为一包，圆圆扁扁的一块块桃酥被包成长方形，一根筷子长，半根筷子宽，上窄下宽，包时很讲究，里外三层，里层为晒干的荷叶，中层为厚草纸，再用黄纸或白纸缚外，上面贴张印花，像是当今的商标，

又酥又甜的桃酥馨香诱人，那种滋味实在是无法从文字中得到满足的。

后有周宗林在北京开了一家桃酥王店而名声大振，并且不断更新，由原来单一的宫廷桃酥增加到现今的20余品种。由此，北京桃酥王享誉海内外。

任务五 米粉面团

任务目标

技能目标

➤掌握三种以上常见米粉面团制品的制作

知识目标

➤了解米粉面团的概念

➤了解米粉面团的制作工艺流程

任务学习

米粉面团，是指用米粉掺水调制而成的面团。由于米的种类比较多，如糯米、粳米、籼米等，因此可以调制出不同的米粉面团。调制米粉面团的粉料一般可分为干磨粉、湿磨粉、水磨粉。水磨粉多数用糯米掺入少量的粳米制成，粉质比湿磨粉、干磨粉更为细腻，吃口更为滑润。所以，在行业中米粉通常选用的是水磨粉，而不用干磨粉和湿磨粉。

米粉面团的制品很多，按其属性，一般可分为糕类粉团、团类粉团和发酵粉团三大类。

一、糕类粉团

糕类粉团是米粉面团中经常使用的一种粉团，根据成品的性质一般可分为松质糕粉团和黏质糕粉团两类。

1. 松质糕粉团

松质糕粉团简称松糕，它是先成形后成熟的品种。

调制方法：将糯米粉和粳米粉按一定比例拌和，加入清水，抄拌成粉粒，静置一段时间，然后进行夹粉（过筛）即成白糕粉团，再倒入或筛入各种模型中蒸制而成松质糕。需要注意的是，白糕粉团的调制是以糖水代替水调制而成的。

调制要领：

（1）掺水是关键，蒸制时粉团容易被蒸汽冲散，影响米糕的成形；粉拌得太烂，则黏无空隙，蒸制时蒸汽不易上冒，出现中间夹生的现象，成品不松散柔软。

（2）静置。

（3）夹粉。不搓散蒸制时就不容易成熟，也不便于制品成形。过筛、搓散的过程称为夹粉。

技能训练1：松糕

（一）原料准备

糯米粉300克，粳米粉200克，白糖50～100克，水少许。

（二）制作方法

（1）将糯米粉和粳米粉抄拌均匀后，放到案板上，中间扒窝，将糖水倒入，抄拌，揉搓均匀。

（2）静置一段时间，让粉粒充分吸收水分后过筛，倒入木模型中按实，上笼蒸5分钟。切块装盘即可。

（三）成品特点

松软、香甜、不腻口。

（四）注意事项

制作时如果粉料太干，可以再适量地加一些水进去揉搓。

2. 黏质糕粉团

黏质糕粉团是先成熟后成形的糕类粉团，具有黏、韧、软、糯等特点，大多数成品为甜味或甜馅品种。

调制方法：静置、夹粉等过程与松质糕粉团相同，但采用先成熟后成形的方法调制而成，即把粉粒拌和成糕粉后，先蒸制成熟，再揉透（或倒入搅拌机打透打匀）成团块，即成黏质糕粉团。

调制要点：蒸熟的糕粉必须趁热揉成团，再制作成形。

技能训练2：桂花百果蜜糕

（一）原料准备

糯米粉 500 克，绵白糖 350 克，糖桂花 20 克，水 190 克，麻油少许，青梅丁少许，松子少许，核桃少许。

（二）制作方法

将糯米粉、绵白糖、糖桂花混合均匀，分次加水 190 克，拌匀后，揉搓，过筛，上笼蒸熟。蒸熟的粉料加少许的麻

油、青梅丁、松子（焙油后切碎）、核桃（开水烫后去衣，焙油后切碎）揉匀即可，将粉团擀成长方块，低温静置 4 小时后，切成所需块状装盘。

（三）成品特点

具有甜、韧、软、糯等特点。

（四）注意事项

先成熟后成形的制品，因此需格外注意操作卫生。

二、团类粉团

团类制品又叫团子，大体上可分为生粉团、熟粉团。

（一）生粉团

生粉团是先成形后成熟的粉团。其制作方法是：掺入大部分生粉料，调拌成块团或揉搓成块团，再制皮，捏成团子，如各式汤圆。其特色是可包较多的馅心，皮薄、馅多、黏糯，吃口滑润。

1. 调制方法

（1）泡心法。将粉料倒在案板上，中间扒一个坑，用适量的沸水将中间部分的粉烫熟，再将四周的干粉与熟粉一起揉和，然后加入冷水揉搓，反复揉到软滑不粘手为止。

（2）煮芡法。取出 1/2 的粉料加入清水调制成粉团，压成饼形，投入到沸水中煮成"熟芡"，取出后马上与余下的粉料揉和，揉搓到细洁、光滑、不粘手为止。

2. 调制要点

（1）采用泡心法，掺水量一定要准确，如沸水少了，制品容易裂口；沸水投入在前，冷水加入在后。

（2）采用煮芡法，在制作熟芡时，必须等水沸后才可投入"饼"，否则容易沉底散破，第二次水沸时需要加适量的凉水，抑制水的滚沸，使团子漂浮在水面上 3 ～ 5 分钟，即成熟芡。

（二）熟粉团

熟粉团是将糯米粉、粳米粉适当掺和，加入冷水拌和成粉粒蒸熟，然后倒入机器中打匀打透形成的块团。

熟粉团面团的调制要点：

（1）熟粉团面团一般为白糕粉团，不加糖和盐。

（2）因包馅成形后直接食用，所以操作时更要注意卫生。

三、发酵粉团

发酵粉团仅是指以籼米粉调制而成的粉团。它是用籼米粉加水、糖、膨松剂等辅料经过保温发酵而成的。其制品松软可口，体积膨大，内有蜂窝状组织，它在广式面点中使用较为广泛。

米粉类粉团，除了以上的三种纯粹用米粉调制的粉团外，还有很多用米粉与其他粉料调制而成的粉团，如米粉与澄粉或者杂粮调制而成的粉团。

米粉面团的调制原理主要由米粉的化学组成所决定。米粉和面粉的成分基本相同，主要含有淀粉与蛋白质，但两者的蛋白质与淀粉的性质都不同。面粉所含的蛋白质是能吸水生成面筋的麦麸蛋白和麦胶蛋白，但米粉所含的蛋白质则是不能生成面筋的谷蛋白和谷胶蛋白；面粉所含的淀粉多为淀粉酶活力强的支链淀粉，而米粉所含的淀粉多是淀粉酶活力低的支链淀粉。但由于米的种类不同，情况又有所不同。糯米所含几乎都是支链淀粉，粳米含有支链淀粉也较多；籼米含支链淀粉较少，占淀粉总量的 30% 左右。之所以在调制糯米粉和粳米粉所制作出来的粉团时黏性比较强，就是因为其中含有了比较多的支链淀粉。

在面粉中加入一些膨松剂之后，制成的品种比较松发暄软；而糯米粉和粳米粉在正常情况下不能做出暄软膨松的制品，因为糯米粉、粳米粉含有的支链淀粉较多，黏性较强，淀粉酶活性低，分解淀粉为单糖的能力很低，也就是说，缺乏发酵的基本条件中产生气体能力；而它的蛋白质也是不能产生面筋的谷蛋白质和谷胶蛋白，没有保持气体能力。因此，米粉虽可引入酵母发酵，但酵母的繁殖缓慢，生成气体也不能被保持。所以糯米粉和粳米粉形成的面团，一般都不能用作发酵。但籼米粉却可调制成发酵面团，因为籼米粉中含有的支链淀粉含量相对比较低，所以可以做一些有膨松性能的制品。

技能训练3：糯米椰蓉粉团

（一）原料准备

糯米粉 225 克，大米粉 150 克，椰蓉少许。

（二）制作方法

（1）糯米粉、大米粉搅拌均匀后，分次加入适量的开水烫制，淋冷水揉成团。

（2）揉好的面团切剂、揉成团、按扁，包入椰蓉收口，搓圆。

（3）上笼蒸 10 分钟，滚粘上椰蓉装盘。

（三）成品特点

椰香浓郁、黏甜适口。

（四）注意事项

手上可适量地蘸些水再揉，以防黏手。

技能训练4：双馅团

（一）原料准备

糯米粉 150 克，大米粉 100 克，水 150 克，黑芝麻少许，糖少许，豆沙少许。

（二）制作方法

（1）黑芝麻用小火炒熟、压碎，按 1:3 的比例加入白糖搅拌均匀，成芝麻糖馅心。

（2）糯米粉、大米粉搅拌均匀后，分次加入水 150 克，揉搓均匀，上笼蒸熟。

（3）将蒸熟后冷却的米粉面团加油和少许冷开水，揉光、揉匀。

（4）将揉好的面团下剂，按成中间厚的圆皮，包入豆沙馅心后收口，按扁，按成中间厚边缘薄的圆皮，包上芝麻馅心，收口后揉圆即可。

（三）成品特点

两种馅料，口味独特，形态美观。

（四）注意事项

因为成形后可以直接食用，所以制作过程中要特别注意卫生。

技能训练5：棉花糕

（一）原料准备

籼米粉 250 克，泡打粉 12 克，牛奶 100 克，白糖 150 克，白醋 10 克，猪油 30 克，清水 100 毫升，蛋清 1 个。

（二）制作方法

（1）将籼米粉过筛，倒入盆中，加泡打粉搅拌均匀。

（2）牛奶、白糖、蛋清放碗中搅拌均匀后，倒入米粉中继续搅拌，然后再加入猪油、白醋，继续搅拌均匀。

（3）方盆内抹油，将搅拌均匀的糊状液体倒入方盆中，盖一层保鲜膜，在保鲜膜上再抹层油，上笼旺火蒸 12～15 分钟。

（三）成品特点

松软洁白，形似棉花，甜香适口。

 想一想

米粉面团不适合发酵的原因是什么？

 做一做

根据糯米椰蓉粉团的制作方法制作"驴打滚"。

 知识拓展

矮人松糕

温州松糕又以"矮人松糕"最为闻名。这矮人松糕实际上就是猪油糯米白糖糕，它所选用的全是这一年的纯糯米，过水磨成细粉，拌以猪臀尖肥肉丁、桂花和白糖，再炊熟切块。现做现卖的矮人松糕，吃起来松软绵糯，甜中有咸，点缀于上面的桂花更是让它清香无比。据说，这"矮人松糕"发明自抗日战争后期，那时有个温州人叫谷进芳，在城区五马街口设摊制作松糕，以用料考究、制作精细出名。因为谷进芳个头矮小，就称他做的糕为"矮人松糕"。这松糕趁热吃时糯软，待稍凉时再吃更有韧劲，而且越发地香。除了这种用白糯米制成的"矮人松糕"外，还有一种用血糯米制成的松糕，也非常香甜。

任务六　杂粮及其他面团

 任务目标

技能目标

➤ 能制作三种以上杂粮及其他面团常见品种

知识目标

➢ 了解蛋和面团、澄粉面团、杂粮面团、鱼虾茸面团的概念
➢ 熟悉蛋和面团、澄粉面团、杂粮面团、鱼虾茸面团制品的操作流程

 任务学习

一、蛋和面团分类及特点

蛋和面团就是用鸡蛋、油脂、水及面粉拌和揉搓而成的面团。制品有麻花、伊府面、炸松塔等。根据制品要求的不同，蛋和面团可分为纯蛋和面、油蛋和面、水蛋和面三种。

1. 纯蛋和面

纯蛋和面是用鸡蛋和面粉调制而成的面团。

特点是：较硬，有韧性，制成的成品色黄、松酥。如迎春糕、蛋卷等。

注意事项：

（1）要根据气候和制品的要求使用鸡蛋，鸡蛋要新鲜。

（2）面团和好后，盖上湿布饧一段时间，否则不易成形。

（3）用机械打发时，应注意蛋糊抽打程度和用料顺序及比例。

2. 油蛋和面

油蛋和面是指用油和鸡蛋加面粉调制而成的面团。

特点是：爽滑、易膨松。制成的成品色泽金黄、松酥、甜香，如部分麻花和干点等就是用此种面团制成的。要注意面团的软硬度和面粉的质量，掌握添加辅料的比例等。

3. 水蛋和面

水蛋和面是指水、鸡蛋和面粉调制成的面团。较硬、劲大、有韧性，制成的品种色泽稍黄、爽口、滑润、有劲，一般用于制作高档面条、炒面、馄饨等。

注意事项：

（1）用水量要准确。

（2）要揉透。

（3）正确掌握气温和水温。

（4）揉好盖上湿布，防止干皮。

技能训练1：萨其马（纯蛋和面）

（一）原料准备

坯料（高筋粉200克、鸡蛋145克、泡打粉5克、水10克、玉米淀粉适量），糖浆（细砂糖160克、麦芽糖100克、水35克），炒熟的白芝麻30克，花生油适量。

（二）制作方法

（1）高筋粉和泡打粉混合过筛，在操作台面或者案板上做成一个面粉坑，将鸡蛋打

散，倒入面粉坑里。

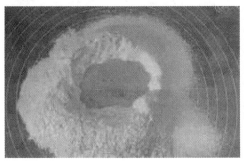 

（2）在面团表面拍上少许玉米淀粉，使面团不粘手。将面团静置松弛15分钟。操作台面上撒少许玉米淀粉，将静置好的面团擀成约0.2厘米厚的大面片。将大面片切成若干小面片，再将小面片切成细条（俗称坯条）。切的时候注意撒上一些玉米淀粉，以防止切好的坯条粘在一起。

（3）锅里倒入花生油烧热至油温150℃左右，将坯条分次投入油锅里炸成浅金黄色，细砂糖、水、麦芽糖倒入锅里，用小火熬煮，将糖浆煮到115℃。

（4）糖浆熬好以后关火，把炸好的坯条、炒熟的白芝麻放入糖浆里，趁热快速拌匀，尽量使每一根坯条都蘸到糖浆。

（5）趁坯条温热的时候，倒进涂了油的8寸方烤盘。手上抹油以后，直接用手掌把坯条压实（要趁温热的时候操作，凉了以后就硬了）。等萨其马完全冷却，黏合在一起以后，脱模并切成小块即可。

（三）成品特点

色泽金黄，甜香可口。

（四）注意事项

（1）掌握好面粉与鸡蛋的比例。

（2）油温应控制在五成热左右。

（3）定形冷却后再切块，防止碎裂。

二、澄粉面团的分类及特点

顾名思义，澄粉面团就是将澄粉即小麦淀粉（面粉经特殊加工而成），用沸水烫制而成的面团，故又称为淀粉面团。

因为采用了纯淀粉，色泽洁白，由于淀粉的糊化作用，面团变得很黏柔，缺乏筋力，具有良好的可塑性；由于淀粉酶的糖化作用，使面团带有甜味；成熟后呈半透明状，柔软，口感嫩滑。

1. 澄粉面团的调制方法

（1）按体积比进行调制。将澄粉放入不锈钢盆中一侧（占一半），水中加入盐烧沸后冲入澄粉中，迅速搅拌均匀，加盖焖制5分钟，然后倒在抹有色拉油的案板上，加入生粉揉成光滑的面团。

（2）按重量比进行调制。将澄粉与水按1∶1.45的重量比称好，将水放入锅中，加入盐，烧沸后加入少许水磨糯米粉搅拌，再倒入澄粉迅速搅拌均匀，加盖焖制5分钟，然后倒在抹有色拉油的案板上，揉成光滑的面团。

2. 澄粉面团的调制要点

（1）必须用沸水烫制，这样才能产生透明感。

（2）烫制后需要焖制5分钟，使粉受热均匀。

（3）澄粉与沸水的重量比为1∶1.45。

（4）调粉要加点盐、色拉油，也可加适量生粉。

（5）调好的面团要用干净的湿布盖好，防止面团干硬、开裂。

3. 澄粉面团制品的特点

色泽洁白、透明感强、口感黏糯。

4. 澄粉面团制品的形态

（1）花色造型。可用来制作船点、看盘、围边装饰等。

（2）制皮、包馅制成一定的造型。

5. 澄粉面团的应用范围

广式点心用得较多，如制作虾饺、奶黄水晶花、娥姐粉果等；现在也用于制作船点。另外根茎类、果品类面团的调制，也常需加入澄粉面团。

三、杂粮面团的分类及特点

杂粮面团是指将杂粮或蔬菜类原料加工成粉料或将其制熟加工成泥茸调制而成的面团。有的可以单独成团，有的需和面粉、澄粉或其他辅料掺和调制成团。

这类面团的成品具有营养丰富、制作精细、季节分明等特点。常见的杂粮面团有杂粮粉面团、豆类面团、蔬菜类面团、果类面团。

（一）杂粮粉面团

有的杂粮粉面团直接用杂粮粉加水调制而成；但大部分杂粮粉面团则需用杂粮粉与面粉、米粉等掺和再调制成粉团。

常用于制作有地方特色的品种，如小窝头、荞面枣儿角、莜面栲栳栳、玉米面丝糕、黄米糕、小米煎饼、高粱团子等。

技能训练2：小窝头

（一）原料准备

黄面250克，黄豆面100克，白糖50克，炼乳15克，碱1克。

（二）制作方法

（1）将黄豆面、黄面、白糖、碱倒入盆中。加入炼乳15克、温水和成面团。

（2）搓成长条，下30克一个的剂子，用食指配合捏出窝窝。

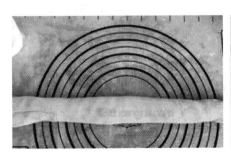

（3）上笼蒸25分钟成熟装盘即可。

（三）成品特点

香甜可口，奶香浓郁，营养丰富。

（四）注意事项

（1）注意面团中各种原料配比。

（2）注意成形大小。

（二）豆类面团

豆类面团即将豆子（如豌豆、赤豆、豇豆、绿豆、芸豆）加工成粉或泥，经过调制而形成的面团。

常见的品种有豌豆黄、南国红豆糕、绿豆糕、芸豆糕、扁豆糕、豇豆糕等。

（三）蔬菜类面团

蔬菜类面团是用土豆、山药、山芋、芋头、荸荠、南瓜等原料加工成泥、蓉或磨成浆、制成粉，经过调制而形成的面团。

常见的品种有生雪梨、山药糕、五香芋头糕、荔浦香芋角、马蹄糕、土豆丝饼、南瓜饼、芋蓉冬瓜糕、山芋沙方糕等。

（四）果类面团

果类面团如莲子、柿饼、栗子等经过加工形成泥，与面粉、糯米粉或澄粉等调制而成的面团。

常见的品种有莲蓉卷、栗蓉糕、黄桂柿子饼、山楂奶皮卷等。

四、鱼虾蓉面团

鱼虾蓉面团是用净鱼肉、虾肉先加工成蓉，再与澄粉、面粉等调制而成的面团。

常见的品种有鱼皮鸡粒角、百花虾皮脯、汤泡虾茸角、冬笋明虾盒等。

想一想

为什么大部分杂粮面团需用杂粮粉与面粉、米粉等掺和后才能使用？

做一做

尝试制作豌豆黄、红薯面窝头。

知识拓展

窝头

窝头是一种圆锥形、下面有一个洞的蒸制食品，原来都是用玉米面做的，因为没有发酵的玉米面非常不容易蒸熟，做成这种形状有利于迅速蒸熟，窝头以前是底层平民常用的食品。而西太后别出心裁，要"与民同乐"，用当时非常昂贵的栗子磨面做窝头，个头也小很多，成为一种点心。其实纯用栗子面是蒸不成窝头的，因为其干裂、不合团儿。做小窝头用的是好的新玉米面，过细箩，再掺上黄豆面，蒸的时候加桂花、白糖，吃着又暄又甜。一斤面要蒸出一百个小窝头才够"小"。

知识检测

一、选择题

1. 利用微生物使主坯疏松膨大的方法称为 （ ）。
A. 酵母膨松法 　　　　　　　　 B. 交叉膨松法
C. 化学膨松法 　　　　　　　　 D. 物理膨松法

2. 调制对于整个制作工艺和成品质量影响很大，做好调制工作，要注意四点，其中第二点应注意掺水、掺油脂等原料的 （ ）。
A. 准确性 　　　 B. 灵活性 　　　 C. 可变性 　　　 D. 手法

3. 下列叙述正确的是 （ ）。
A. 酵母膨松性主坯成品的特点是，体积疏松多孔，结构细密暄软、呈蜂窝状、味道香醇适口
B. 酵母膨松性主坯成品的特点是，体积疏松膨大，结构细密暄软、呈海绵状、味道香醇适口
C. 酵母膨松性主坯成品的特点是，体积疏松膨大，结构细密暄软、呈海绵状、口感酥脆浓香
D. 酵母膨松性主坯成品的特点是，体积疏松膨大，结构细密暄软、呈蜂窝状、有浓郁蛋香味

4. 下列叙述正确的是 （ ）。
A. 物理膨松性主坯成品的特点是，体积疏松膨大，呈海绵状、口感酥脆浓香
B. 物理膨松性主坯成品的特点是，体积疏松膨大，呈蜂窝状、口感酥脆浓香
C. 物理膨松性主坯成品的特点是，体积疏松多孔，呈海绵状、口感酥脆浓香
D. 物理膨松性主坯成品的特点是，体积疏松膨大，组织细密暄软，呈海绵状、多孔结构、有浓郁的蛋香味

5. 物理膨松性主坯工艺流程先将 （ ） 混合，再高速调搅调制而成。
A. 粉料与水 　　　　　　　　　 B. 粉料与油脂

C. 粉料与鸡蛋 　　　　　　　　　　D. 辅料与鸡蛋

6. 下列叙述正确的是（ 　 ）。

　A. 干油酥又称酥面，是由粉料、水与油脂配制而成的

　B. 干油酥又称酥面，是由粉料与油脂配制而成的

　C. 油脂掺入粉料，经搓擦，缩小了油脂与粉料颗粒的接触面

　D. 粉料与油脂充分搓擦融合后，干油酥就不会松散

7. 严格掌握好主坯的配料用量，保证品种（ 　 ）的形成。

　A. 形态　　　　B. 口味　　　　C. 风味特色　　　　D. 色泽

8. 层酥性主坯是由油酥和水油面两块不同（ 　 ）的主坯结合而成的。

　A. 油量多少　　B. 软硬　　　C. 质感　　　D. 大小

9. 层酥性主坯工艺流程的关键在于水，油、粉料之间的比例和两块坯料的软硬程度是否一致，以及开酥（ 　 ）。

　A. 多少　　　　B. 大小　　　C. 手法　　　D. 外形

10. 水油面既有水调面团的（ 　 ）和保持气体的能力，又有油酥面团的起酥松发性。

　A. 可塑性　　　B. 黏性　　　C. 筋力　　　D. 润滑性

11. 在制作蛋糕面糊时，凡是不加或加入少量（ 　 ）而成的面糊，都可称为清蛋糕面糊。

　A. 蛋黄　　　　B. 油　　　　C. 糖　　　　D. 牛奶

12. 制作小窝头时，（ 　 ）、成品干裂的原因是面太硬。

　A. 口感发软　　B. 口感发硬　　C. 口感发涩　　D. 口感发苦

13. 普通的酵面坯每 500 克面粉约掺入（ 　 ）干酵母为宜。

　A. 5 克　　　　B. 10 克　　　C. 15 克　　　D. 20 克

14. 清蛋糕是用全蛋、糖搅打与面粉混合一起制成的（ 　 ）。

　A. 混酥类　　　B. 泡芙类　　C. 蛋糕类　　D. 面包类

15. （ 　 ）是以鸡蛋、糖、油脂、面粉等为主要原料，配以辅料，经一系列加工而制成的点心。

　A. 酥松制品　　B. 松脆制品　　C. 硬脆制品　　D. 膨松制品

16. 混酥面坯调制时，会使面粉颗粒间形成（ 　 ），使得面坯中的面粉蛋白质不能吸水形成面筋网络。

　A. 一层水膜　　　　　　　　　　B. 一层淀粉膜

　C. 一层油脂膜　　　　　　　　　D. 一层面筋膜

17. 清酥类是在用水调面坯、油面坯互为表里，经反复擀叠、（ 　 ）形成新面坯的基础上，经加工而成的一类层次清晰、松酥的点心。

　A. 揉捏成形　　B. 搓制　　　C. 冷藏　　　D. 冷冻

18. 制作混酥面坯，可以选用的糖制品有细砂糖、（ 　 ）或糖粉。

　A. 粗砂糖　　　B. 冰糖　　　C. 绵白糖　　D. 封糖

19. 在打蛋过程中加入蔗糖，糖有黏性可以提高蛋白的（ 　 ）。

A. 起泡性　　　　B. 膨胀性　　　　C. 稳定性　　　　D. 疏松性

20. 体积疏松膨大，结构细密暄软，呈海绵状，味道香醇适口是（　　）特点。

A. 交叉膨松性主坯成品　　　　　　B. 物理膨松性主坯成品

C. 酵母膨松性主坯成品　　　　　　D. 化学膨松性主坯成品

二、判断题

1. 温水面主坯柔中有劲，富有可塑性，制成品时，不易成形，熟制后也不易走样，口感适中，色泽较暗。（　　）

2. 层酥性主坯的工艺流程关键只在于掌握好干油酥与水油皮面的比例。（　　）

3. 调制蛋泡面团时，鸡蛋打发时间越久越好。（　　）

4. 用面肥发面时，加入碱不只可以起到酸碱中和的作用，还可以使成品更加暄软。（　　）

5. 制作烫面制品时，加水不够，可以再加至软硬合适为止。（　　）

6. 米粉在发酵时，起发效能好。（　　）

7. 酵母膨松法也称为生物膨松法。（　　）

8. 主坯加入化学膨松剂后，在烘烤的开始阶段主坯的表面不是失水而是增加了水分。（　　）

9. 在打蛋的过程中加入蔗糖，它不但可以提高蛋白气泡的稳定性，还可以提高其稠度。（　　）

10. 层酥性主坯成品的特点是体积疏松，层次多样，口味酥香，营养丰富。（　　）

11. 搓条的要点是两手用力大小要一致，搓时要用掌心。（　　）

12. 油条是用化学膨松法膨松的。（　　）

13. 虾饺皮里的澄粉和生粉之间的比例是 9 : 1。（　　）

14. 馒头是利用物理膨松的原理制作的。（　　）

15. 蛋糕是利用鸡蛋在搅打后的发泡性起发的。（　　）

16. 搓条时条的粗细标准是由面的软硬决定的。（　　）

17. 松质糕是先成形后成熟制品。（　　）

18. 制作麻花时适量加入饴糖主要起到调节口味的作用。（　　）

19. 熬制糖浆时加入饴糖可以起到防止返砂的作用。（　　）

20. 粘米粉就是指黏性很大的米粉。（　　）

项目七 成熟技艺

任务一 热能运用的一般原则和成熟的质量标准

 任务目标

技能目标

➤ 能够根据成熟的质量标准鉴定面点制品的品质

知识目标

➤ 初步掌握热能运用的一般原则

 任务学习

一、热能运用的一般原则

中式面点根据原料、比例配方和制作方法不同，可制作出不同的面点品种，不同的成熟方法和热能运用也可以使面点在品种、口感、色泽上各有特色。熟制是面点制作的最后一道工序，极为关键。成熟的目的是使面点半成品或生料成为卫生、可口、容易消化、利于人体吸收的食品。从面点制作的生产技术和食品艺术角度上讲成熟又是决定成品形态，反映品种质量和特色的操作工序之一。面点食品必须经过成熟后才能更好地体现其应有的风味。

（一）加热温度的运用

加热的温度是指加热时产生热能的强度。成熟是通过加热实现的。研究成熟的热能，主要是研究加热时火力的大小、热传导的强弱、对流速度的快慢、辐射温度的高低对品种所起的作用。

热能的传递主要有传导、对流、辐射三种方式，保证成熟质量的关键是：有效、能动地控制好加热过程中的温度。

决定加热的温度的三种因素为：①加热的方法。②火力的大小。③人为控制因素。

（二）成熟时间的控制

生坯成熟时间的长短与温度的控制是紧密相关的，要根据实际情况及时灵活调整和控制成熟时间。

二、成熟的质量标准

面点成熟的质量标准，不同品种标准各异。但从总体来看，主要有色、香、味、形、质五个方面。由于具体品种不同，色、香、味、形、质的要求也不同。

1. 色

色是指面点成熟后的颜色。采用不同的成熟方法，形成的面点颜色是不同的，要求也不相同，如一般的炸、烤制品要求色泽鲜明，呈浅黄色或金黄色，无焦糊和灰白色。一般的面粉类蒸制品要求色泽均匀洁白。无论哪种面点都应达到制品规定的色泽要求。

2. 香

香是指面点成熟后散发的原料特有的香味，一般有鲜香、酥香、果香、奶香、油香，以及各种馅心所散发出的香味。任何面点成熟后都要求气味正常，不带任何异味、怪味。若成熟温度偏高、时间过长，会产生焦糊气味，就不符合成熟的要求。

3. 味

味是指面点成熟后的滋味。面点成熟后一般要求口味纯正，咸甜适当，爽滑适宜，不带任何不应有的酸、苦、涩、哈喇等怪味和其他不良滋味，也不能有夹生、粘牙及被污染等现象，应具有面点制品自身的特色风味。

4. 形

形是指面点成熟后的形态。一般情况下要求形态饱满、均匀、大小规格一致，造型简洁，花纹清晰，收口整齐，并能保持成形时精巧的造型，没有伤皮、露馅、斜歪和缺损现象。

5. 质

质是指面点成熟后的质地要求。无论什么面点，都必须具有符合要求的质地。如发酵面团类面点蒸制后要求质地绵软有弹性；花色酥点炸制后要求酥花松脆；冷水面团类面条煮制后要求爽滑筋道有弹性；等等。

 想一想

面点成熟后的质量标准有哪些？

任务二　单一成熟法

🎯 **任务目标**

技能目标

➢掌握蒸、煮、炸、煎、烙、烘烤、炒成熟方法，并能分别运用制作三种以上面点

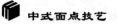

品种

> 掌握油温的鉴别及炸制成熟技法，并能运用炸制技法制作五种以上面点品种

知识目标

> 理解蒸、煮、炸、烙、煎、烘烤、炒的概念
> 掌握各种成熟方法的制品特点

任务学习

面点制品成品特色的最后形成，必须依靠成熟来实现。不同特色的品种，需要用不同的方法来成熟。不同原料的品种成熟，又具有不同的成熟顺序和方式。成熟方法可分为单一成熟法、复合成熟法两大类。行业中常用的单一成熟法有蒸、煮、炸、煎、烙、烘烤、炒七种。

一、蒸

1. 定义

蒸是面点成熟中运用较广、较为普遍的一种方法。它是指将生坯半成品或生坯原料放在蒸笼、蒸箱或其他器皿中，在常压或高压下利用蒸汽的热对流使之成熟的一种成熟方法。在面点制作中，蒸的运用较为广泛，一般适用于水调面团中的温水面团、热水面团、膨松面团和米粉面团等制品的成熟。

2. 蒸制原理

蒸主要是利用水蒸气的温度和外加的一定压力，通过水蒸气的热对流运动，不断接触生坯或原料，并利用适当的压力，使生坯或原料受热渗透，由表及里变性、成熟。

3. 蒸制的特点

（1）保持成品形态的相对完整性。

（2）成品口感松软，含水适中，老少皆宜，易被人体消化吸收。

（3）带馅制品的馅心细腻、多汁、鲜嫩。

4. 操作要领

（1）保证锅内有正常水量，有利于产气充足。蒸锅内一般水量为八分满为宜。水过多则会在沸腾后浸湿生坯；水过少则产气不足，影响成熟效果，甚至会有干锅现象。因此在连续蒸制时要注意适当添加水量。

（2）适当掌握生坯的数量，以确保制品的成熟。由于水锅内产生的蒸汽热量和压力是有限的，一次成熟的数量也有限。

（3）要经常换水，保证蒸制质量。反复蒸制会使蒸锅或蒸箱内的水质发生变化。

（4）灵活掌握成熟时间。根据蒸制对象的选料、大小、有无馅心、制品成熟度、蒸制生坯数量等方面的变化，灵活掌握成熟时间。如蒸大米、蒸花色蒸饺等都不一样，需要区别对待。

二、煮

1. 定义

煮是将生坯料或半成品放入较多量的水锅或汤汁锅中，利用水的传热对流作用，使制品成熟的一种成熟方法。在面点成熟中运用较广，常用于冷水面团、米粉面团、杂粮面团制品的成熟。

煮分为出水（汤）煮成熟和带水（汤）煮成熟两种。

出水煮主要运用于面点半成品的成熟，如面条、水饺、馄饨等。

出水煮的一般工艺流程：

沸水→下坯→点水（一次或多次）→浮起成熟

带水煮是指将原料按成品的要求与清水或汤汁一同放入锅内煮制的一种成熟方法，如花色米粥、高汤水饺、杏仁奶露等。带水煮的一般工艺流程：

生坯配料＋汤＋水→入锅→（调味）→成熟

2. 煮制的特点

出水煮的特点：

（1）成品入口爽滑，能保持原料的软韧风味。

（2）有利于除去半成品内添加物的异味，如盐味、碱味等。

（3）有利于灵活变化口味特色，适用性较广。

带水煮的特点：

（1）质地浓厚，汤汁入味。

（2）利于主料和辅料等各种口味融为一体。

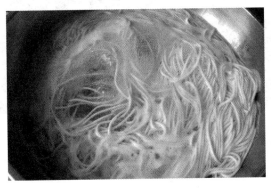

3. 操作要领

（1）水沸下锅，防止营养水解。一般先把水烧沸后随即下生坯使之成熟。避免营养成分大量水解而流失。

（2）灵活掌握水量、下坯数量、火候。下坯的数量与锅内水的多少、制品成熟时间都密切相关，制品一旦成熟应立即出锅，否则容易导致煮烂、露馅甚至糊锅。

（3）生坯下锅时，要边下生坯边用手勺沿锅边顺底推动水，防止生坯互相粘连。

（4）捞取成品时动作要轻，以免碰破成品。

（5）连续煮制时要适时加水、换水。锅内水要保持清澈，勤加水、勤换水才能保证煮制的质量。

三、炸

1. 定义

炸是以油脂为传热介质，将半成品投入温度较高、油量较多的油锅中，利用油脂的热对流作用使生坯成熟。主要适合于油酥面团、膨松面团、米粉面团及其他面团制品的成熟。如：酥盒、油条、麻花、麻团、南瓜饼等。

2. 炸制原理

油脂耐高温，其热量的来源靠不断加热，加热的时间越长，油温越高。面点生坯成熟油温一般为150℃～220℃，由于半成品生坯内有水分，油温升到100℃以上时，就会汽化水分，直至不断排完为止。成熟时高油温不断汽化大量水分，同时油温与排出的水分及加热的时间成正比。成品水分含量越少，香脆度越好。

3. 炸制的特点

（1）适用范围广，炸制品具有香、松、酥、脆、色泽明快等特点。

（2）成熟速度快，适合批量生产。

（3）利于降低成品水分含量，增加香味。

（4）易于保存，便于携带。

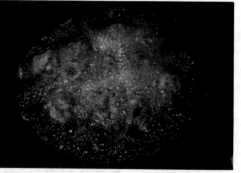

根据油温的高低，炸制一般分为热油炸和温油炸（氽）两种。温油炸温度要求在90℃～120℃，热油炸温度要求在150℃～240℃。炸制的具体操作方法如表7-1所示。

表7-1　各种炸制要求的具体操作方法

行业俗称	具体油温	具体特点	适宜品种
三四成	90℃～130℃	油面平静，无烟和声响，原料入锅后有少量气泡，伴有轻微的吱吱声，即为油脂内水分开始挥发	眉毛酥、盒子酥、开口笑等
五六成	140℃～180℃	油面波动，有青烟，原料入锅后气泡较多，伴有哗哗声，锅内声音慢慢消失，这时油脂内水分基本挥发完毕	南瓜饼、萨其马等
七八成	190℃～240℃	油面平静，有青烟，用手勺搅动时有声响，原料入锅后有大量气泡并伴有噼啪的爆破声	油条、糖糕、春卷等
九成左右	250℃左右	油的滚动逐渐停止并且油面有青烟冒起，可以判断此时油温	由于油温过高，接近燃点，一般不宜使用

4. 操作要领

（1）正确选择油脂。炸以油脂为导热介质，油脂的品种不同，性质也不一样。因此，需要根据炸制品的要求正确选用油脂。一般以植物油为主，不用或少用动物油，因动物油脂中含有丰富的磷脂，加热后颜色易变深发黑，成品色泽不美观。植物油尤其是精制油，其杂质少、无异味，发烟点低，较耐高温，其炸制品色泽较浅，是比较理想的油脂。选用油脂时要注意，油脂必须纯净、清洁，不能有杂质和水分，否则会影响热传导或污染制品，影响面点质量。如选择精制油以外的植物油，则先要熬制使其变熟，去除其自身的异味才能使用。

（2）炸制时油量要充分，要使制品有充分的活动余地。用油量一般为生坯的十几倍甚至更多。如采用温油炸，因面点生坯质地较松软，油量不多则易碎。如用热油炸，油温高成熟速度快，有的面点还要膨胀，体积增大，若油量少，则会造成成品呈鸳鸯面，色泽不均，成熟度不一致，严重影响质量。

（3）适当控制火候，掌握加热时间。火候即为火力的大小以及加热时间的长短。火大油温升高速度快，火小油温升高速度慢。如火过大，油温升得太高，就很难下降，会造成制品的焦化。一般情况下，火力可先稍大，待油温升至所需温度时，将火力转小。为了保证炸制品的质量，在温度适宜前提下，可根据品种形状的特点、油量的多少、火力的大小恰当掌握加热时间。若炸制时间过长，则成品颜色深易焦糊；若时间过短，则成品色淡、含油重、不起酥，甚至夹生。只有充分掌握品种、油量、火力、油温等各方面因素，才能使成熟恰到好处。

（4）根据成品的特点正确选择并掌握好油温。炸制生坯时，一般油温为150℃～200℃时下生坯。这样才能使制品的外壳迅速凝结，形成香、松、酥、脆的风味。如下锅时油温过低，会使制品色泽发白，软而不脆，并且会延长成熟时间，使成品僵硬不松，影响口感和口味。但油温过高则会造成外焦里不熟。因此，油温的运用要根据品种的不同而区别对待。如同样是油酥面团中的明酥点心，眉毛酥炸制的油温就要比宣化酥高一点。如不能很好地掌握制品的油温，成品的起酥层就会有问题，温度太低易脱馅，温度太高会变酥，因此油温对成品制品十分关键。

（5）油质清洁。用于炸制的油脂必须清洁无杂质，如油脂不清洁，会影响热的传导，并污染生坯，影响成品的色泽和质量。

另外，油经过高温反复加热后，内部会产生一系列的变化，各种营养物质遭到极大的破坏，甚至会产生大量的致癌物质。如长期食用这些油炸食品，会对身体产生危害。因此，炸制油不能反复使用。

（6）熟练掌握炸制技术，安全操作。由于炸制是以油为导热介质，温度较高，危险性较大。操作时稍有不慎，后果不堪设想。因此，操作时注意力要集中，手法轻重、快慢适当，确保成品色泽和质量一致，避免发生人身伤害及质量问题。

四、煎

1. 定义

煎是在平底锅上加入少量的油加热，放入生坯后使之成熟的一种方法。煎的传热方式主要有对流和传导，成品具有香、软、油润光亮等特色。煎制因品种口味特色要求不同，运用的加热方式也不相同。在实际操作中，一般有油煎和水油煎两种方法。

（1）油煎。油煎主要是利用油脂作为传热介质，通过铁锅（鏊子、电饼铛）的传递使生坯加热成熟的一种成熟方法。操作时将较少量的油脂加入平底锅中，与锅底表面结合，形成较薄的油脂层，使生坯在受锅底热与油脂温度的双重加热之下成熟。

（2）水油煎。水油煎是利用水、油两种物质作为传热辅助介质的特殊成熟方法，具有煎、蒸双重特色。操作流程为：

锅内→少量油脂→生坯→煎底色→倒水或面糊→盖锅盖→生坯至熟

2. 煎制的特点

（1）油煎的特点。制品具有色泽油润光亮，口感外香里软的特点。常见的品种有河南香椿煎饼、天津的煎饼馃子、上海的煎馄饨等。由于油煎用油量较少，一般锅内的油量不能超过生坯厚度的1/2，生坯受热面较小，因此传热效果不如大油量的炸制，其成熟时间比较长。工艺流程为：

锅烧热→加油脂→下坯→加热→（翻坯）起锅

（2）水油煎的特点。水油煎操作方法和使用工具与油煎基本相似，其区别在于：水油煎加热时，加入了少量水，使成品更易于成熟。用此种方法制作的成品集脆、香、软为一体。水油煎一般适用于生煎包、锅贴、牛肉煎包等坯体较厚、带有馅心的面点。

3. 煎制的注意事项

（1）油煎的注意事项。

1）控制生坯的厚度。油煎制品因油层较薄，因此应控制生坯的厚度，以防止成品夹生。生坯与生坯之间应有一定的空间，以使其在加热过程中有膨胀的余地；否则，易造成生熟不均匀。

2）适当掌握油量。油脂作为煎制的辅助热传递介质，在成熟中具有重要的作用。但由于原料的特性、制品厚薄大小及品种特色等不同的因素，用油量有多有少，必须根据每一品种的不同要求而定。用油过多或过少都不利于品种的成熟和特色的形成。

3）保持热能均衡。在油煎制作中，火候的运用很重要。一般是以小火为主，生料下锅前或刚下锅时火可以大些，油温一般控制在130℃左右。这样能使生坯在热锅温油中有较长的受热时间，通过渗透使生坯成熟。油煎因操作方便，使用面较广。

（2）水油煎的注意事项。

1）适当掌握水与油的用量。油和水在水油煎的过程中分别起着不同的作用。油主要是起防止粘锅、增色、保护生坯表面不糊化的作用，而水在成熟中具有汽化、热对流、促进生坯成熟的作用。因此，水、油的用量及加油、加水的时机都与成熟和成品特色有密切的关系。如加水过早、过多，会使生坯糊化；反之，则会使生坯焦糊或不易成熟。加水量一般以制品厚度的1/3～1/2为宜。

2）注意火候的运用，掌握成熟的时间。水油煎的火候运用一般以中、小火为主，火力要均匀，有利于制品成熟，并应恰当掌握成熟的时间。因为当油煎加入水后，就要加上盖子，以汽化形成的蒸汽温度促进其成熟。除翻坯、加水和加油外，不应开启盖子，以免影响制品成熟。

3）排坯有次序，操作要熟练。生坯下锅时，不仅要摆放整齐，而且要有次序。一般情况下，炉灶的火力是中间大、四周小，因此，锅烧热后中间的锅底温度及油温比四周高。摆放生坯时，应从四周向中心排列；加热时从低温到高温，否则易造成一锅成品色泽不均匀的现象。并且要根据火力分布的情况，及时调换锅体的位置，如需翻坯的时候，还要及时翻坯，以保证成品的质量。

水油煎制品适宜热吃，一般适用于现做、现卖、现吃，是人们较喜爱的地方小吃之一。

五、烙

1. 定义

烙是通过金属受热后的热传导使面点生坯成熟的一种方法，烙的热量来自受热后的锅体。烙制时把半成品生坯放入平底锅内，架于炉火之上，并使生坯的表面反复接触锅面受热，直至成熟为止。烙制品大多具有皮面筋道，内部柔软，色呈淡黄或褐色的特点。烙制法适用于水调面团、发酵面团、米粉面团、粉浆面团等制品，常见的品种有家常烙饼等。由于烙制品种的特点和要求不同，烙制的工艺也有所不同，一般分为干烙、油烙和水烙三种。

（1）干烙。干烙是在加热时直接将半成品或生坯放在特制的金属板或平底锅上，使之成熟的一种方法。在烙制过程中，既不刷油也不洒水。干烙制品，一般来说，在制品成形时加入油、盐等（但也有不加的，如发面饼等）。

（2）油烙。刷油烙的操作方法和要点与干烙相似，区别只是在于油烙的过程中，要在锅底刷少许油（油量比油煎法少），每翻动一次就刷一次；或在制品表面刷少许油，也是翻动一面刷一次。

（3）水烙。水烙是在铁锅底部加水煮沸，将生坯贴在铁锅边缘（但不碰到水），然后用中火将水煮沸，既利用铁锅传热使生坯底部烙成金黄色，又利用水蒸气传热使生坯表面松软滑嫩。

2. 烙制的特点

（1）干烙的成品特点是皮面香脆，内里柔韧，色呈黄褐色，吃口香韧，耐饥，富有咬劲，便于携带和保存。常见的品种有春饼、河南烙饼等。

（2）油烙的成品特点是色泽金黄，皮面香脆，内里柔软而有弹性。常见的品种有葱油饼、韭菜盒子等。油烙的操作要领与干烙基本相似，但需注意油量与油质。刷油只是为提高成品的口感，如油刷多了就变成煎了。最好选用较好的油脂，如无杂质、无异味的精制油。

（3）水烙的成品不仅具有一般蒸制品的松软的特点，还具有干烙的干、焦、香等特点。江南的米饭饼和玉米饼子就是利用水烙的方法熟制的。在操作时水烙一般不需要翻坯移位。

3. 烙制的注意事项

（1）干烙的注意事项。

1）烙锅必须干净。为保证成品的质量，必须将锅洗净，因生坯直接在锅上烙熟，锅不干净，影响制品的色泽和美观。

2）掌握火候，保持锅面温度适当。烙制不同的生坯，要求运用不同的火力，才能使锅面温度适当。如薄的饼类，要求火力较旺；较厚或带馅的生坯，火力要适中或稍低，以保证生坯成熟及达到成品特色形成的温度要求。过高、过低都会影响制品的成熟。

3）及时移动锅位和生坯的位置，及时翻坯。生坯烙制时，常需进行三翻四烙、三翻九转等移动锅位和生坯的位置操作，俗称"找火"，以促进成熟，使锅体受热均匀，并可防止锅温热处焦糊、锅温低处夹生的现象。如炉火过旺无法找火时，则要采取压火、离火等措施，以保证烙制过程的正常进行。

（2）油烙的注意事项。

1）注意用油量。烙主要是靠金属传热成熟，用油主要是着色、增香，薄薄的一层油即可。

2）掌握火候。薄饼类，要求火力较旺；较厚或带馅的饼类，要求火力中、低；必要时需移动锅体、生坯的位置，使火力均匀，保证制品成熟均匀。

（3）水烙的注意事项。

1）水烙适宜于体积较大，难以成熟的制品。一般是向锅中加入清水，利用水蒸气和金属同时传热，成熟速度快，制品成熟后不会过分干硬。

2）加水一次不宜过多，以防止制品表面黏糊。一般采取少量分次加水的方式，并加盖增压，以促进制品成熟。

六、烘烤

1. 定义

烘烤是指将成形的面点生坯或半成品放入烤炉中，通过传导、辐射、对流三种传热方式使面点成熟的一种熟制方法，也称为烘焙或焙烤。成品具有失水较多，口感松、香、酥的特点。

根据烘烤时采用的热源不同，可分为明火烘烤和电热烘烤两种。

（1）明火烘烤。明火烘烤是利用燃料燃烧时产生的热能使生坯成熟的。通常以煤或炭为主，温度升高较快，炉内温度一般都在200℃以上，有的甚至高达300℃。许多传统风味品种的成熟都使用明火烘烤，如烧饼。

（2）电热烘烤。电热烘烤是用电作为热源，通过红外线辐射使生坯成熟的。电热烘烤箱大都装有温度显示器、调节器、自动控制装置、报警装置等，操作起来十分方便，运用范围很广。一般用于蛋糕、面包、酥饼等烤制品种。

2. 烘烤的特点

（1）明火烘烤的特点。①炉体温度较高，火候不易掌握。②生坯失水快、多，成品吃口松酥，便于携带，耐存放。③应用于饮食业中传统产品的小型生产，成本较低。

（2）电热烘烤的特点。①适用范围较广，操作方便，成熟效果好。②清洁卫生，劳动强度低，生产效率高。③成品失水较多，口感松、香、酥，老少皆宜。

3. 烘烤的注意事项

（1）明火烘烤的注意事项。

1）正确选用火力。明火烘烤是面点熟制方法中技术较为复杂的一种，其难度主要是火力的运用。这是因为烤炉或烤箱内各处的火力对面点的影响各不相同，而面点制品对火力的要求也各不相同。有的要求大火，有的要求小火，有的要求中火。即使是同一品种，烤制整个过程对火力的要求也不一样，需要在烤制过程中不断地变换炉温，因此烤制面点时要视具体的面点品种，正确选用与面点要求相符的火力，保证面点熟制后的质量。

2）适当控制炉温。每个面点品种对炉温的要求不同。如果炉温过低，水分受长时间烘烤而散失，使制品组织粗糙、口感干硬；但炉温过高，烘烤时间短则制品内部不易成熟，烘烤时间长，还会使成品产生焦糊现象。因此，不但要控制好炉温，还要善于调节炉温。一般情况下，大多数品种都是采取"先高后低"的方法，既要使其内外成熟度一致，又要使成品具有美观的色泽。

3）掌握烤制时间。烤制时间应根据面点的形态确定。体积大、厚度大的品种，烤制时间较长；体积小、厚度小的品种，烤制时间较短。但烤制时间和炉温是紧密联系、相辅相成的，烤制时间长，炉温应相对低一些；反之，炉温则要高一些。可以说这是一项灵活的技术，需要操作者具有一定的实践经验。

（2）电热烘烤的注意事项。

1）严格控制烤箱的温度。烤箱温度的控制应根据各种可变因素灵活、熟练地运用，生坯入箱前的预热温度一般应稍高些，当生坯入箱后则要根据品种成熟的要求调整温度。如烘烤面包时，应先将烤箱预热到250℃～280℃，放入生坯后应立即将温度调整为200℃～240℃。有些还需要在烤制过程中不断地变换炉温，如在烤核桃酥时，必须先用上火160℃、下火150℃烤至成品成饼状时，再升至上火180℃使其定型、变脆，否则若入炉温度太高，则马上定型，成品不能成为饼状；若入炉温度太低，就会造成泻油而无法成形。因此，及时调节是控制烤箱温度的关键。

2）控制底火、面火温度。底火主要对制品的成熟度有影响，而面火主要对制品着色度有影响。因为成品的部位色泽要求不同，其受热要求也不同，大多数烘烤品种在成熟中都对底火、面火有要求。这是体现色泽，反映成熟质量不可忽视的一项操作技术。

3）掌握烘烤时间。一般电热烘烤的成熟时间比较有规律，但必须根据生坯品种来制定。面点品种多种多样，成熟时间的差距也很大。薄小的生坯，3～5分钟即可成熟；厚、大、带馅的生坯，则15～30分钟才能成熟。

七、炒

1. 定义

炒是以油为主要导热体，将小型原料用中旺火在较短时间内加热、调味的一种成熟方法。在面点成熟中多是将原来已加工成熟或半成熟的制品再利用少量油脂进行加热、增香、调味后形成另一种风味的操作，也常称为复加热成熟。

炒制可以随原料、调料及成熟技巧等的不同而形成各种不同的风味，是对形成成品色、香、味、形均起着重要作用的一种方法，具有成品口味富于变化的特点。

常用于各种地方风味品种的成熟，如扬州炒饭、炒面条等。

2. 炒的特点

（1）工艺技术性很强，操作必须熟练。

（2）品种口味富于变化。

（3）具有菜点合一的美味感。

3. 炒的注意事项

（1）熟练的勺工和翻拌技术。

（2）准确控制火候。

（3）正确掌握调料配置与成熟时间。

八、各种基本成熟法的特点和使用方法（见表7-2）

表7-2 基本成熟法比较

成熟方式		热传递方式	工艺特点	制品特点	适用品种
煮	出汤煮	对流	用大水量成熟	成品吃口爽滑，保持原料的软韧风味	水饺、汤圆、馄饨
	带汤煮	对流	用少水量成熟	汤汁入味、浓厚，主料与辅料的口味融为一体	八宝粥、绿豆汤、杏仁奶露
蒸	隔水蒸	对流	用小锅蒸汽成熟	成品口感松软，含水适中，易被人体消化吸收，老少皆宜	包子、馒头
	汽锅蒸	对流	用锅炉蒸汽快速成熟		米饭、包子
炸	热油炸	对流	用大量油、高油温成熟	色泽金黄，酥脆香嫩	油条、春卷
	温油炸	对流	用大量油、较低温成熟	色泽洁白，酥纹清晰，酥香化渣	油酥（明酥）

续表

成熟方式		热传递方式	工艺特点	制品特点	适用品种
煎	油煎	传导	用少量油成熟	色泽油润光亮，外香里软	煎饼、韭菜盒子
	水油煎	传导、对流	用少量油、水成熟	具有煎、蒸双重特色，集脆、香、软为一体	锅贴、生煎馒头
烙	干烙	传导	用金属热传导成熟	皮面香脆，内里柔韧，呈黄褐色	春饼、薄饼
	油烙	传导	用金属热、油传导热成熟	色泽金黄，皮面香脆，内里柔软而有弹性	葱油饼
	水烙	对流、传导	用金属热及水蒸气传导成熟	具有干烙、蒸双重特色，干、香、外焦内松软	米饭饼、贴饼子
烤	明火烤	辐射	用火焰成熟	色泽鲜明，酥纹清晰，形态美观，口感松、香、酥，营养价值较高，老少皆宜	烧饼、油旋儿
	电热烤	辐射	用电热能成熟		面包、油酥（暗酥）品种
炒		传导	用勺翻炒成熟	口味富于变化	炒面、各式炒饭

 想一想

饺子为什么要"点水"？在家煮饺子时对比一下"点水"和"不点水"有何差异。

做一做

掌握煮、蒸、烘烤的操作方法及要领，动手制作馄饨、水饺、烫面饺、秋叶包、黄桥烧饼等制品，并总结成熟前与成熟后的变化。

任务三　其他成熟法

任务目标

技能目标

➢ 掌握煮炒成熟技法，并能运用炸制技法制作两种以上面点品种
➢ 掌握蒸炸制成熟技法，并能运用蒸炸技法制作两种以上面点品种
➢ 掌握蒸煎、煮煎制成熟技法，并能分别运用蒸煎、煮煎技法制作一种以上面点品种

知识目标

➢ 了解煮炒、蒸炸、蒸煎、煮煎的概念

> 了解煮炒、蒸炸、蒸煎、煮煎的一般工艺流程
> 了解微波成熟法的概念、特点及注意事项

 任务学习

一、综合成熟法

综合成熟法又称复合加热法，它是经过两个或两个以上的加热过程，使制品完全成熟的熟制方法。因为综合成熟法运用了两种或两种以上的成熟方法，也就使成品具有所用方法应形成的特点、口味和特殊风味。

综合成熟法的种类很多也很复杂，这里仅介绍常见的几种。

（一）煮炒

煮炒，顾名思义就是运用煮和炒使面点制品成熟的方法。它是将生坯制品先煮制成半成品，再炒制成熟的一种综合成熟法。炒制时还经常配以辅料和调料，常见的品种有肉丝炒面、爆炒刀削面等。

煮炒的一般工艺流程如下：

水烧开入生坯→加热、调味→半成品出钢锅→加热、点水→入炒锅→冷却→成熟出锅

（二）蒸炸

蒸炸是运用蒸和炸使面点制品成熟的一种方法。它是将生坯制品先蒸制成八九成熟后，再入油锅炸制成熟的一种综合成熟法。常见的品种有粢饭糕等。

蒸炸的一般工艺流程如下：

生坯入蒸锅→加热→半成品出锅→加热→入炸锅、冷却→成熟（金黄色）出锅

（三）蒸煎

蒸煎是运用蒸和煎使面点制品成熟的一种方法。它是将生坯制品先蒸制成八九成熟后，再入平底锅煎制成熟的一种综合成熟法。常见的品种有香煎萝卜糕、煎年糕等。

蒸煎的一般工艺流程如下：

生坯入蒸锅→加热→半成品出锅→冷却→入煎锅→加热→成熟（两面金黄）出锅

（四）煮煎

煮煎是运用煮和煎使面点制品成熟的一种方法。它是将生坯制品先煮制成八九成熟后，再入平底锅煎制成熟的一种综合成熟法。常见的品种有香煎馄饨、煎饺子等。

煮煎的一般工艺流程如下：

水烧开入生坯→冷却→半成品出锅→加热→入煎锅→加热→成熟（金黄色）出锅

成熟法除以上介绍的几种外，还有很多。操作者可以根据品种的需要灵活运用各种成熟方法，并进行合理配合，以便制作出更多、更好的面点制品。

二、微波成熟法

微波成熟法是近年来国内外较为普及的一种新的成熟方法。它是利用微波（波长在1米到1毫米的电磁波）穿透制品，使制品的极性分子运动，产生热能，从而使食物由冷

变热、由生变熟的成熟方法。微波成熟法与其他成熟方法不同的是微波加热制品是里外生热一致、瞬时升温的。

微波有三个主要特性：

（1）反射性。微波碰到金属会被反射回来，所以加热食物时不能使用金属容器。内壁用钢板制成是为了防止微波向外泄漏。内壁的反射作用，使微波来回多次穿透食物，提高热效率。

（2）穿透性。微波对一般的陶瓷、玻璃、耐热塑胶、木器等具有穿透作用，故用这些材料制成的器皿盛放食物加热时，能快速制熟，而容器不发热。

（3）吸收性。微波容易被含有水分的食品吸收而转变成热。微波穿透食物的深度一般为 2～4 厘米，且随着深度的增加而减弱，直径大于 5 厘米的食物，可采取刺洞的方法增加微波的触及表面或切成小于 4 厘米厚度的薄片。

（一）微波成熟法的特点

1. 省时快速，降低成本

微波炉独特快速的加热方式是直接在食物内部加热，几乎没有热散失，具有很高的热效率，一般情况下，微波加热食物只需常规加热时间的 1/3～1/2。因此，利用微波加热食物的成本比常规成熟法的成本要低。

2. 使用安全，操作方便

一般情况下，使用微波炉加热食物是很安全的。这是因为微波处在密封的环境中，不会泄漏，当炉门打开时，微波炉立即停止工作。因此，既避免了微波对人体的危害，又避免了常规法容易造成的烫伤等事故。使用微波加热食物非常方便，程序简单，可直接利用玻璃、陶瓷、塑料制品的餐具加热。

3. 保存营养，清洁卫生

用微波加热，由于时间短，又很少用水等介质，因此不破坏食物中所含的对人体有益的各种维生素及营养成分，最大限度地保存了食物的营养价值。同时由于整个加热过程均处于密封状态，只有食物发热，因此它具有加热快、高效节能、不污染环境、保鲜度好等优点。

4. 微波成熟的缺点是影响食物的色泽、风味等

由于焙烤时其表面温度太低，加热时间短，不足以产生足够的美拉德反应。因此，食物色泽较淡，不易形成外脆里嫩的特色，也无烘烤食物所产生的香味。

（二）微波成熟法的注意事项

1. 注意安全

一般微波炉都设有安全装置，但由于微波炉利用电源作为产热能源，因此，要防止炉体外箱漏电。当微波炉工作异常时，不应继续使用，以防意外事故的发生。

微波炉工作时，应远离炉体，虽然有安全保险，但是还要防止万一发生微波辐射伤害人体。同时不要将眼睛紧靠微波炉 5 厘米之内去观看。因为眼睛对微波最敏感，以免受到不必要的伤害。

不得空载使用微波炉。当炉膛内没有食物时开启，往往会损坏磁控管。

2. 注意器皿的选择

使用微波炉加热时，要用耐热的玻璃、陶瓷或耐热塑料做成的容器盛放。绝对不能用金属或搪瓷容器，也不宜用带有金属花纹的容器盛放。因为微波与金属接触会产生火花，发生危险，严重时还会损坏磁控管。选用瓷器应选择质地细致的；玻璃器皿要求无裂纹的；塑料器皿要求硬质的；纸杯、纸盘要求无色等。另外，表面有油漆的竹、木器皿不宜使用，以防止油漆脱落污染食物。

3. 控制时间

由于微波加热速度快、热效率高，因此应根据具体情况，严格控制加热时间。

对体积过大的食物，应当均匀分解（肉类 3 厘米左右，其他食品 5～7 厘米为宜），以免食物生熟不均。加热整只鸡鸭等大件食物，最好加热一段时间后，将食物翻个面，使各部位可均匀加热。同时还应注意，食物取出后还有一段后熟时间。

4. 注意加热食物的选择

微波炉不适宜液体类食物的加热，如水、牛奶等，也不适宜密封的食物，如袋装、瓶装、罐装食品，以及带皮、带壳的食品，如栗子、鸡蛋等，以免爆炸污染或损坏微波炉。

想一想

（1）你的家人、朋友最喜欢的面点制品有哪些，具体采用哪种成熟方法？至少列出 6 种以上。

（2）你所在的地方特色面点有哪些？各是采用什么方法成熟的？

（3）如何正确使用家庭微波炉？在餐饮店面运营中，请列举一下微波炉都有哪些方面的用途？

做一做

请采用煮煎、蒸炸的成熟方法，各制作一款面点制品。

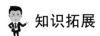 **知识拓展**

面点

面点风味主要是指人体各感官对面点色、香、味加热分解味的具体感受。风味物质的产生主要有以下几个途径：

（1）焦糖化反应：糖类尤其是单糖在没有氨基化合物存在的情况下，加热到熔点以上的高温（一般是 180℃ 以上）时，因糖发生脱水与降解，也会发生褐变反应，这种反应称为焦糖化反应。焦糖化反应在酸、碱条件下均可进行，糖在反应强热的情况下生成两类物质：一类是糖的脱水产物，即焦糖或酱色；另一类是裂解产物，即一些挥发性的醛、酮类物质，它们进步缩合、聚合，最终形成深色物质。炒糖色即是利用了此反应。

（2）酯化反应：酯化反应是一类有机化学反应，是醇跟羧酸或含氧无机酸生成酯和水的反应。典型的酯化反应有乙醇和醋酸的反应，生成具有芳香气味的乙酸乙酯，这就是烹饪时加料酒的原因。

（3）美拉德反应：1912 年法国化学家美拉德（Maillard）发现甘氨酸与葡萄糖混合加热时形成色的物质。后来人们发现这类反应不仅影响食品的颜色，而且对其香味也有重要作用，并将此反应称为非酶褐变反应，又称美拉德反应。面点成熟煎、烙、烘烤、炸形成的焦黄色、黄褐等都属于此类反应。

知识检测

一、选择题

1. 烙大致的形式是（　）。

A. 干烙　　　　　B. 油煎　　　　　C. 油烙　　　　　D. 水油煎

2. 面点制品采用煎的方法进行熟制时，油温一般控制在（　）℃。

A. 90　　　　　　C. 130　　　　　B. 100　　　　　D. 150

3. 以下关于电热烘烤的操作要领描述不正确的是（　）。

A. 严格控制烤箱温度　　　　　B. 控制底、面温度

C. 掌握烘烤时间　　　　　　　D. 掌握熟练的勺工技术

4. 炸制操作要领中，叙述不正确的是（　）。

A. 正确选择油脂　　　　　　　B. 适当控制火候

C. 炸油可以反复使用　　　　　D. 熟练掌握炸制技术

5. 锅贴采用的成熟方法是（　）。

A. 油煎　　　　　B. 水油煎　　　　C. 油烙　　　　　D. 油炸

6. 在下列面点中属于先蒸后煎的品种是（　）。

A. 煎年糕　　　　B. 锅贴　　　　　C. 煎包　　　　　D. 生煎馒头

7. 糕饼类制品中小苏打适用的烤制温度是（　）。

A. 高温　　　　　　　　　　　B. 低温

C. 先高温再低温　　　　　　　D. 先低温再高温

8. 炸制酥皮点心时，一般应采用（　）油炸。

A. 低温　　　　　B. 中温　　　　　C. 稍高温　　　　D. 高温

9. 烤制面点时，炉温一般控制在（　）℃。

A. 140～160　　　B. 160～180　　　C. 180～250　　　D. 250～300

10. 所有成熟方法中，营养损失最小又易被人体消化吸收的方法是（　）。

A. 蒸　　　　　　B. 煮　　　　　　C. 炸　　　　　　D. 烙

11. 不同的呈味物质，味神经感觉的速度也不同，其中感觉最快的是（　）。

A. 甜味　　　　　B. 咸味　　　　　C. 苦味　　　　　D. 酸味

12. 水的沸点与大气压力密切相关，在一个标准大气压下，水的沸点是（　）℃。

A. 80　　　　　　B. 90　　　　　　C. 100　　　　　D. 120

13. 面点风味的核心是（　）。

A. 色泽　　　　　B. 形态　　　　　C. 滋味　　　　　D. 质地

14. 烘烤的三种传热方式是（　　）。

A. 辐射　　　　　B. 传导　　　　　C. 热对流　　　　　D. 热烤盘

15. 在面点的烘烤中，易与蛋白质发生美拉德反应，形成诱人色泽的糖是（　　）。

A. 乳糖　　　　　B. 麦芽糖　　　　　C. 蔗糖　　　　　D. 果糖

16. 适当加热可使原料中的酶类失去活性，防止褐变，而（　　）又可得到较好的效果。

A. 微波加热　　　　　　　　　　B. 高温加热

C. 长时间加热　　　　　　　　　D. 低温加热

17. 在刚出锅的澄粉造型面点表面轻轻刷一层色拉油，使其更具光泽，这属于（　　）。

A. 坚持本色　　　　　　　　　　B. 少量缀色

C. 控制加色　　　　　　　　　　D. 略加润色

18. 在下列面点中，（　　）是在熟制的过程中成形、定型。

A. 莲花酥　　　　B. 开口笑　　　　C. 螺丝酥盒　　　　D. 像生梨

19. 一旦发生烫伤事故，应立即（　　）被烫部位，对烫伤严重的要送往医院。

A. 用温水冲洗　　　　　　　　　B. 用凉水冲洗

C. 进行包扎　　　　　　　　　　D. 用冰块涂抹

20. 烘烤坯体厚实、色泽深黄、外焦里嫩的面点，应选用（　　）℃以上的炉温。

A. 180　　　　　　B. 200　　　　　　C. 220　　　　　　D. 240

二、判断题

1. 蒸是利用水传导的热量，使制品受热成熟的一种熟制方法。（　　）

2. 炸制莲花酥、莲藕酥等造型面点时应用七成热油温。（　　）

3. 水煎包是使用水油煎的方法成熟的。（　　）

4. 一般情况下，需要颜色浅的品种，可采用高温炸使其快点成熟。（　　）

5. 在制作开花枣这一品种时，为了使其开花应采用高油温炸制。（　　）

6. 在制作萨其马这一品种时，为了使生坯中的泡打粉、臭粉受热时产生大量的气体应采用高温炸制。（　　）

7. 烘烤蛋糕时应根据厚薄及成品要求来掌握炉温，坯薄用低温，坯厚用高温。（　　）

8. 在蛋糕的烘烤环节中，正确的操作是先将装有生坯的烤盘放入烤炉中，然后开启电源，待其自然升温。（　　）

9. 用高炉温烘烤出的蛋糕，易造成外焦里不熟的现象。（　　）

项目八　宴席中面点的组合与运用

任务一　宴席面点

 任务目标

技能目标

➤ 了解宴席面点是中式面点特有的饮食形式，与中餐菜肴配套组合成中餐筵席

知识目标

➤ 掌握宴席面点的组配原则
➤ 培养学生知识的综合运用能力

 任务学习

宴席面点是宴席的一个组成部分，与菜肴配合形成一个密不可分的综合体。宴席点心是面点制作中的一大类，工艺要求比较高。

一、宴席面点的概念和形式

宴席是人们为了一定的社交目的而形成的一种聚餐形式，具有目的性、整体性、规格性等特点。宴席面点，是在整套宴席中配备的面食和点心，是宴席重要的组成部分。宴席面点是指可与菜肴组合形成具有一定规格、质量的一整套菜点，也可以单独形成具有特色的全席面点。

宴席面点品种繁多、选料精细、造型精美、制作精致，不仅讲究制作技术，而且还讲究设计艺术。应在色、香、味、形、质、器等方面与宴席的总体要求相一致。

宴席面点早在唐代的《烧尾宴》中就已出现，清代开始在满汉全席宴席中就有大量运用。发展到现在，宴席面点已成为宴席中不可或缺的重要组成部分，俗话中有"无点不成席"的说法，这足以说明面点在宴席中的重要性。

二、宴席面点组配原则

宴席面点是经过精选进而与宴席菜肴的有机组合。有别于一般的早点、饭店面点。在组配过程中，要注意各类面点的合理搭配，注意相互之间的数量、质量、口味、形态、色泽精心组合，使其衬托出宴席的最佳效果。

（一）根据宴席的规格组配

宴席面点的规格档次，取决于宴席的规格档次。宴席的规格档次是由宴席的价格决定的，而价格又决定了宴席菜肴的数量和质量。在组合宴席面点时，应注意考虑面点成本在整个宴席成本中所占的比重，以保持整个宴席中菜肴与面点的数量、质量的均衡。

宴席面点成本一般占宴席总成本的5%～10%，但是也要根据各个地方的习惯及实际要求来进行必要的调制。一般情况如表8-1所示。

表8-1　宴席面点格局

宴席档次	款数	款式（口味）
一般宴席	两道	一甜一咸
中档宴席	四道	二甜二咸
高档宴席	六道	二甜四咸

在保证品质的前提下，要考虑宴席的成本，合乎宴席的整体规格。高档宴席配置高档面点制品，从而达到统一协调的效果。

（二）根据宴席主题、文化习俗配置

主题决定风格，宴席设计也是如此。根据宴席的主题合理配置宴席面点，恰当地安排各类面点品种，从而达到烘托、衬托、渲染主题的效果。

在明确宴席主题的前提下，要充分尊重顾客的民族及文化习俗，要尽量突出面点制品的文化内涵，提升面点制品的价值，彰显出烹饪艺术的魅力。如回族信奉伊斯兰教，禁食猪肉，就应该避免以这类原料充当面点的原料；对信奉佛教的人应避免使用荤腥原料做面点。

（三）根据顾客需求组配

顾客的需求是面点组配中不可忽视的重要问题。制定面点品种要与顾客进行充分了解沟通后，尽量满足顾客的要求及设席的目的。例如，红白喜事按风俗选配。红事可选配一两道色泽艳丽的品种，如四喜饺、枣糕、如意卷、梅花晶饼等，使之与客人的心境相一致。生日祝寿时可配与长寿有关的品种，如寿桃包、寿糕、长寿面等。高级宴席还可配一些制作精细的、工艺性较强的面点。

（四）根据季节变化组配

宴席面点的季节性很强，在组配面点时，就需要面点技术人员根据季节来供应时令性面点，以符合人们四季的饮食口味。

季节面点是按季节变化供应市场的面点，又称四季面点。

季节面点最主要的是突出了原料的季节性，还要根据各个季节应市的面点原料来制作口味、口感灵活多样的面点。季节面点运用到宴席中，从关注健康、保健角度出发，突出了季节面点的本质特点。

不同季节可选用的面点品种及其特点如表 8 – 2 所示。

表 8 – 2　季节面点及其特点

季节	品种	特点	熟制
春季	春卷、翡翠烧卖、银芽煎薄饼、艾叶糍粑等	突出春季的时令原料	蒸、煮、烙
夏季	绿豆糕、荞麦凉面、银耳莲子羹、冰皮白莲糕等	清凉解暑、吃水量大的原料	蒸、煮
秋季	紫薯馒头、豌豆糕、南瓜饼、荷香糯米鸡、杏仁豆腐、火腿土豆饼等	味道浓郁	蒸、煮、炸
冬季	赖汤圆、油茶、八宝甜糯饭、枣泥金丝酥等	味道浓厚	煮、炸、烤

（五）根据本地特产及时令性原料情况组配

凡是富有地方特色的宴席，一定能使顾客久久难忘，而地方特色面点能为宴席增色不少。特色面点除了工艺独特外，采用本地特产原料至关重要，既经济又实惠，显示出浓郁的地方特色，使整个宴席内容更加丰富，独具匠心。如河南的烩面，安阳的粉浆饭，天津的狗不理包子、酥麻花，北京的一品烧饼、都一处烧卖、豌豆黄等，江苏的翡翠烧卖、扬州三丁包、苏州各式船点、淮安汤包，广东的虾饺、娥姐粉果、萝卜糕，上海生煎包、水晶饼，杭州小笼包等。

 想一想

列举一下你所在的地市都有哪些面点小吃？尝试了解它们的制作过程。（至少收集5种以上）

做一做

根据本地区的饮食文化风俗，尝试制作两款当地特色风味面点。并写出操作后的得与失。

任务二　全席面点设计与配置

任务目标

技能目标

➢ 了解全席面点的定义及形式

知识目标

➢ 掌握全席面点的配置要领

任务学习

全席面点即整台宴席全是面点，是运用烹调、设计等多方面的技艺，把各种面点巧妙结合的产物。

一、全席面点的定义及形式

全席面点是全部由点心品种组配而成的宴席。全席面点是随着面点制作的不断发展而形成的面点经营的较高级形式。它集精品于一席，如表8-3所示。

表8-3　全席面点

内容组成：面点拼盘、咸点、甜点、汤羹、水果
配置要求：各类型的面点要协调，口味、形式要多样
工艺要求：精巧美观、做工细致
组装要求：盛器高雅、和谐统一

二、全席面点的配置要领

制定一台色、香、味、形、质、养、器俱佳的面点宴席，除了具备娴熟的面点技艺外，还必须掌握订单设计、选料、配色、组织管理、上点顺序等方面的知识和要领。

（一）订单的设计

制定面点单，是全席面点总体结构的设计工作。它决定了整台宴席的规格质量和风格特色。除要根据顾客的意图和要求、规格水平、季节时令、民族习惯外，还要根据制作者的技术水平和厨房设备条件来设计，掌握面团类型、成熟方法的搭配，做到荤素搭配得当，咸甜配合得当。

面点席的规格、上点数量和质量，首先取决于其价格档次，根据价格来确定用料。面点席以咸点为主（约占60%），甜点为辅（约占30%），汤羹、水果为补（约占10%）。具体品种数量按价格档次配制，规格较高的可配面点果盘一道（或以四味碟、六味碟形式）、咸点八道、甜点四道、汤羹一道、水果一道；规格较低的，应根据情况减少或降低品种规格。

面点席订单如表8-4所示。

表8-4　面点席订单

类别	品名	成熟方法
水果一道	丰收硕果	
咸点八道	蟹黄灌汤包	蒸
	冠顶饺	蒸
	蚝油叉烧包	蒸
	水晶虾饺	煮
	萝卜金丝酥	炸
	云腿鹌鹑脯	先蒸后煎
	上汤三鲜饺	煮
	煎饼馃子	煎
甜点四道	水果蛋挞	烤
	可可马蹄卷	蒸

续表

类别	品名	成熟方法
甜点四道	香炸苹果环	炸
	西米珍珠球	蒸
汤羹一道	冰糖白果羹	煮
水果一道	时令水果拼盘	

（二）组织管理

面点席的组织者需要根据开席规模对各岗位做出预算，进而安排具体工作人员。面点宴席的顺利进行需要多方联动，需要部门人员的共同配合，形成合力。安排时应本着既保证人手够用，又防止人多手杂的原则，做到定岗定责，各负其责。岗位定员后，主持者要认真检查各项准备工作，一要检查各种原料（鲜活原料、干货原料、半成品原料）的准备情况；二要提前检查盛器和装饰材料的准备情况。如发现不符合制作要求时，应及时更换品种，不能随意降低原料的质量标准；三是要根据开席时间对各工序完成的具体时间做出严格规定，避免出现漏做、漏上面点或推迟上面点的现象。此外，要注意检查炉灶、工具的卫生状况等，以保证各项工作能有条不紊地在预定的时间内完成。

（三）造型与配色

造型与配色是面点席中艺术性、技术性较强的工作。一桌好的面点席不仅在口味上要求可口宜人，还要以精美的工艺展现出来，给人以美的享受，以提高顾客品尝面点的情趣。

面点席中可用菜肴拼盘、食品雕刻造型或点盘造型，面点席一般需要设计一组类似酒席冷盘，若干件小点心组合的花色品种，以达到烘托气氛的效果。这个品种要求立意清新，构图美洁，面点搭配合理。如硕果点盘，其整体造型是中间放置形象逼真、情趣盎然的硕果粉点，周围衬托若干精致小碟。除了点盘外，其他面点在造型组装上要求立意新颖、构思合理，既要讲究造型，又要注意其可食性。

配色是指面点席的一项重要的美化工艺，是指面点席的总体色彩设计。面点席的配色要综合考虑以下因素：一是充分利用原材料固有的颜色，如菠菜叶的碧绿色、蛋白的白色、黑木耳的黑色、火龙果的紫色等。这些原料自身就具有各种自然的色相、色度、明度，层次丰富自然且符合人们的饮食心理。二是成熟工艺的增色应用。如炸点、烤点的金黄色，蒸点的雪白、晶莹透亮。不同的成熟方法，使面点席色彩更加丰富、诱人。三是盛器色彩的变化。要求结合面点的造型、色彩选用盛器，以达到面点与器皿的和谐。如玻璃器皿显得华丽，金银盘器显得高雅富贵，雪白透亮的瓷器素雅大方，竹木器皿更显古朴自然之美。四是围边点缀增色的运用，即面点装盘时在周围用各种围边材料装饰点缀。

 想一想

设计面点宴席菜单时应该注意哪些问题?

 做一做

尝试设计婚宴中面点制品各四款。要求:口味搭配合理、成熟方法多、色彩明快、制作精良、造型和谐统一。

任务三　面点的美化工艺

任务目标

技能目标

➢ 宴席面点美化的相关要求
➢ 了解造型与装饰的用料,并能熟练完成简单的造型装饰
➢ 掌握器皿在盛装面点中的应用

知识目标

➢ 了解盘饰与围边的含义
➢ 宴席面点美化工艺所包括的内容

任务学习

宴席面点在美化的过程中,注意质量和卫生,以食用为主、美化为辅,衬托宴席的主体气氛,并与宴席的其他内容配合达到最佳效果。

为了达到此目的,必须对宴席面点进行美化,即根据宴席面点涉及的选料、刀工、面团、造型、装盘及命名等因素,进行美化工艺的再加工创造。宴席面点的美化工艺包括面点造型与装饰和盘饰与围边两方面。

一、面点造型

我国面点造型种类繁多，从造型的外观形态大致划分为以下三类：

（一）几何形态

几何形态是面点造型的基础，在实际工作中应用较广。几何形态是通过模具或刀工使面点形成规矩的形态，它具有整齐、规范、便于批量生产的特点。几何形态又可以分为单体几何形态和组合几何形态。

单体几何形态：正方形、长方体、菱形、圆形、椭圆形等，如千层油糕、芸豆卷、豌豆黄等。

组合几何形态：如千层宝塔酥、立体裱花蛋糕等。

（二）自然形态

面点的成形主要是利用面皮受热成熟时产生的气体或糖、油等辅料的作用，使成品形成自然的形态，如蜂巢荔芋角、波斯油糕、蚝油叉烧包、猪油棉花杯等。

（三）象形形态

象形形态是通过手工包捏等成形手法模仿动植物的外形来造型，使成品具有动植物的形状。如苏州船点、佛手酥、菊花酥、蟹黄菊花烧麦、绿茵白兔饺及装盘点缀的捏花等，都是模仿动植物形状的面点造型。

宴席面点不论采用何种造型，都要求美观精致、富有特色，而且要掌握面点的分量、大小一致。宴席面点一般每个 20～30 克，以一两口能吃完为宜。

二、面点的装饰

（一）面点装饰的分类

（1）面点制品的直接装饰。

（2）主题塑型。利用三维立体构型，创设场景、制造意境、形成主题，将面点制品融入其中，使面点作品成为集欣赏性、可食性为一体的艺术品。

（二）面点装饰的选料原则

1. 严格使用范围、遵循法律法规

这一点也是所有烹饪原料的选择原则。国家禁止或严格控制的原料不能选用。国家明确规定使用量的，严格遵循使用量要求，不得超标使用。时刻关注国家食品原料使用最新资讯，以避免不必要的麻烦。

2. 按需选料

装饰原料的选用，根据主题要求、整体要求、制品要求，不能喧宾夺主，选择合适的装饰原料。

3. 色彩搭配符合烹饪美学的要求，装饰雅致简约

装饰原料应色泽鲜明、形态美观。在搭配装饰原料时，要充分考虑色调和色彩带来的情感，装饰时要注意紧扣主题，符合制品要求和整体要求，和谐就是美，就是最好的装饰。

三、面点的盘饰与围边

选择合适的器皿来盛装制品，是面点制作工艺中常用的方法，可以起到锦上添花、相映成趣的美化效果。面点中经常使用的器皿有盘子、碟子、碗、竹器、藤器等。对于器皿的选择，必须巧妙地利用器皿的形态，充分考虑器皿的大小、颜色，区别对待，达到配套一致与寓意相协调的高度统一的效果。

围边装饰虽然是辅助手段，但是对于制品的艺术升华起着至关重要的作用。特别是在一些特殊场合，如烹饪技能大赛、大型美食节、大型功能性展台、高档宴席等方面，作用格外明显。面点的质量主要靠面点本身来体现，要避免本末倒置，不可过分强调围边点缀而忽视面点自身的质量。围边装饰时还需要注意面点的质地与围边装饰材料的协调性，如琼脂冻糕上不宜直接放置炸制、烤制点心；蒸点不宜采用酥炸的材料装饰，否则炸品将会回软，影响美观等。比较成功的围边装饰有白鹅戏水、绿茵白兔、雏鸡闹春、梅花马蹄卷等。

围边的材料应充分利用装饰材料的自然色来进行颜色的搭配，同时要注意卫生，避免使用人工色素，事先准备好的琼脂冻糕、糖粉捏花、熬糖拉丝用保鲜膜密封；澄粉捏花类提前做好短时间加热蒸制，并刷上色拉油或稀明胶水，以防干裂。

想一想

面点的美化在具体的学习过程中怎样运用比较合适？每组请根据学习实际情况制定一

套方案。

 做一做

利用澄粉捏花、时令鲜果点缀两种方式各设计两款面点围边装饰。

 知识检测

一、选择题

1. 宴席面点最早出现在 （ ） 的《烧尾宴》中。

A. 清代   B. 唐代   C. 汉代   D. 民国时期

2. 全面点席的上点程序是 （ ）。

A. 先甜后咸   B. 先干后湿

C. 点盘、成点、甜点汤羹、水果   D. 先甜点汤羹、水果

E. 后甜点、点盘

3. 宴席面点装饰所使用的色素以 （ ） 为佳。

A. 合成色素   B. 天然色素

C. 广告色   D. 绘画油彩

4. 宴席面点的配置，从价格上一般应占到整桌宴席价格的 （ ）。

A. 15% ～20%   B. 25% ～30%

C. 5% ～10%   D. 10% ～15%

5. 在宴席中配置面点时应充分考虑 （ ） 等因素。

A. 规格档次   B. 宴席主题

C. 季节和年节   D. 饮食习惯与烹调方法

二、判断题

1. 在配置宴席面点时，应根据季节的变化做相应的变化。（ ）

2. 宴席面点在造型上一要美观，二要灵巧，三要多变。（ ）

3. 宴席面点的特点是用料档次高，做工精细，讲究装饰点缀。（ ）

4. 面点席以咸点为主（约占60%），甜点为辅（约占30%），汤羹、水果为补（约占10%）。（ ）

5. 宴席面点在色、香、味、形、质、器等方面与宴席的总体要求是一致的。（ ）

6. 在制作宴席面点时，除充分考虑工艺、造型等技术因素外，更要注重食用价值，要遵循好吃、美观、方便的原则。（ ）

7. 宴席面点在装饰时，可不考虑菜肴因素。（ ）

参考文献

［1］沈军 . 中西点心［M］. 北京：高等教育出版社，2004.

［2］林小岗，唐美雯 . 中式面点技艺［M］. 北京：高等教育出版社，2013.

［3］张梦欣 . 中式面点师（中级）［M］. 北京：中国劳动社会保障出版社，2004.

［4］河南省职业技术教育教研室 . 中式面点技艺［M］. 北京：电子工业出版社，2014.

［5］张丽 . 中式面点［M］. 北京：科学出版社，2012.

［6］刘宇红，王凤仙 . 中式面点制作技术［M］. 北京：现代教育出版社，2015.